W0261720

Die Anfertigung

forstlicher Terrainkarten

auf Grund

barometrischer Höhenmessungen

und die

Wegnetzprojectirung.

Die Anfertigung
forstlicher Terrainkarten

auf Grund

barometrischer Höhenmessungen

und die

Wegnetzprojectirung.

Bearbeitet

von

Carl Crug,

Königl. bayr. Forstamts - Assistent.

Mit 5 lithographirten Karten.

Springer-Verlag Berlin Heidelberg GmbH

1878.

Additional material to this book can be downloaded from http://extras.springer.com

ISBN 978-3-642-89614-9   ISBN 978-3-642-91471-3 (eBook)
DOI 10.1007/978-3-642-91471-3
Softcover reprint of the hardcover 1st edition 1878

Vorwort.

Von hoher königl. Regierung der Oberpfalz und von Regensburg
wurde auf Anregung des kgl. Regierungs- und Kreisforstrathes Herrn
Post die Bestimmung getroffen, für die bergigen Staatswald-Reviere
des Regierungsbezirkes Terrainkarten herzustellen, sodann auf Grund
dieser Karten Wegnetze zu projektiren, und nach erlangter Genehmigung
derselben die projektirten Weglinien zu nivelliren und auf dem Terrain
festzulegen.

Zur Durchführung dieser Arbeit wurden aus der Zahl der technisch
gebildeten k. Forstgehilfen einige Funktionäre bestimmt, von denen noch
im Jahre 1874 unter spezieller Leitung und Führung des damaligen
k. Kreisforstmeisters Herrn Plass, gegenwärtig k. Forstmeister in Schöne-
berg, die Reviere Rötz und Loisnitz vollendet wurden.

Vom Herrn Forstmeister Plass wurden zum ersten Male für forstliche Zwecke die Anéroide (Metallbarometer) verwendet, und die Funktionäre mit derem Gebrauche, sowie mit der bis jetzt noch beibehaltenen Methode des Terrainzeichnens und der Wegnetzprojektirung ver-
traut gemacht, die dann in den folgenden Jahren wieder ihre jüngeren
Collegen in die Beschäftigungen einführten.

Durch das rege Interesse, das der k. Kreisforstrath Herr Post
dieser Arbeit zuwendet, und durch dessen energische Förderung konnte
dieselbe so rüstig vorwärts schreiten, dass schon im Jahre 1876 bei
Gelegenheit der III. Wanderversammlung Oberpfälzer Forstleute ein
Theil der fertigen Terrainkarten den versammelten Fachgenossen vor-
geführt werden konnte. Gleichsam als Führer bei Besichtigung dieser
Karten schrieb Verfasser dieses eine kleine Skizze, um sowohl den
Zweck der Karten, als auch ihre Herstellung etwas näher zu erklären.

Durch die freundliche Aufnahme, die diese kleine Brochüre fand,
und von mehreren Fachgenossen ermuntert, unterfing sich derselbe, im
Laufe dieses Jahres die nachfolgende Arbeit als weitere Ausführung
der eben erwähnten Skizze zu beginnen, in der Erwägung, dass gerade

nach dem Erscheinen von Mühlhausens trefflichem Werke, und nach in neuerer Zeit auch in der forstlichen Literatur mehr und mehr auftretenden Artikeln über beregte Arbeiten es manchem werthen Fachgenossen wünschenswerth sein möchte, die in der Oberpfalz bei der durchgeführten Terrainzeichnung von nunmehr ca. 24,000 Hectar Staatswaldfläche beobachtete Methode kennen zu lernen; wenn die nachfolgende Arbeit den Gang der einzelnen Beschäftigungen selbst hie und da etwas in's Kleinliche verfolgte, so lag als weiterer Grund die Absicht vor, speciell den bayrischen mit denselben beschäftigten Fachgenossen manche seit dem Jahre 1874 gemachte Erfahrungen und Rathschläge nicht vorzuenthalten, da diese Methode nur gleichsam als Tradition vom Vorgänger dem Nachfolger übergeben wurde.

Nach dieser Vorausschickung werden nur wenige Worte genügen, den Zweck des folgenden Büchleins festzustellen: „Es soll nicht sein eine spezielle Abhandlung über Wegbau, noch viel weniger über die Anéroide, sondern es soll sein die genaue Schilderung der in der Oberpfalz bei Durchführung beregter Arbeiten beibehaltenen Verfahrungsweise"; wenn es auch nicht unterlassen werden konnte, etwas näher auf die Beschreibung der Barometer und über ihre Verwendung einzugehen, so lag eben hier die Ansicht vor, dass doch vielleicht mancher verehrte Fachgenosse sich zu einem praktischen Versuche veranlasst sehen könnte, und dann eine etwas genauere Schilderung des Principes der Anéroide erwünscht sei.

Die Arbeit wurde, um den oben erwähnten Zweck zu erfüllen, so eingetheilt, dass im I. Abschnitt über Terrainkarten, Barometermessungen, und Wegnetzprojektirung im Allgemeinen gesprochen, im II. Abschnitt an einer zehntausendtheiligen Karte des Revieres Eslarn ein spezielles Beispiel über Barometermessung und Terrainzeichnen, im III. Abschnitt endlich ein solches über Wegnetzprojektirung vorgeführt wurde, zu welchem Zwecke zwei 10 tausendtheilige, und drei 20 tausendtheilige Karten beigegeben sind.

Indem schliesslich noch allen jenen Herren, die so bereitwillig mit Rath und That bei Durchführung der Arbeit behülflich waren, hiemit der verbindlichste Dank gesagt wird, wünsche ich dem Büchlein eine freundliche Aufnahme!

Augsburg im October 1877.

Der Verfasser.

Inhalt

Erster Abschnitt.

Von den Terrainkarten, Barometermessungen und der Wegnetzprojectirung im Allgemeinen.

Unter den mannigfachen Beschäftigungen, die dem Forstmanne bei Ausübung seines Berufes zufallen, tritt bei der fortschreitenden Ausbreitung der Eisenbahnlinien immer mehr eine in den Vordergrund, nämlich die Herstellung guter Waldstrassen und Waldwege, die es ermöglichen, den Erzeugnissen unsrer Wälder einen grösseren Absatz zu verschaffen. So lange der Verkehr im Allgemeinen noch an enge Grenzen gebunden, im besonderen aber den forstlichen Produkten nur ein geringer Markt zu Gebote stand, machte sich die Nothwendigkeit guter Waldwege weniger fühlbar; Holzverbrauchende Gewerbe siedelten sich in der Nähe der Waldorte selbst, im Innern grösserer Wälder an und machten keinen Anspruch auf gute Verkehrswege, da ihre Holzbedürfnisse auch in den unwegsamsten Gegenden befriediget werden konnten; den Bau- und Brennholzbezug der Umgegend durch kostspielige Weganlagen zu erleichtern, sah man sich nicht veranlasst, da derselbe ohnehin sehr oft auf Berechtigung beruhte; und war wirklich einmal die Nothwendigkeit vorhanden, die Waldprodukte auf weitere Entfernung zu liefern, so bildeten Trift- und Flossbäche fast die einzigen Wege der Verbringung.

So war denn das Augenmerk der damaligen Wirthschaft nur auf Befriedigung des Localmarktes gerichtet. Wie sehr verschieden ist jetzt die Thätigkeit des Forstbeamten geworden! Durch die immer weitere Ausdehnung der Eisenbahnlinien wird das Marktgebiet für alle Handelsartikel weit in die Ferne gerückt und erst durch den erleichterten Verkehr ist das Holz Handelswaare geworden, für welches der Forstbeamte ebenso, wie der Produzent einer jeden anderen Waare, neue Absatzquellen zu ermöglichen hat.

Das Bedürfniss, grössere Waldcomplexe mit dem allgemeinen Verkehr in engere Berührung zu bringen, tritt täglich näher, und dies ermöglichen nur gute, den Wald mit den Eisenbahnknotenpunkten verknüpfende Waldstrassen.

So wenig Schwierigkeiten nun im ebenen Terrain dem Waldwegbau entgegentreten werden, so mächtig werden diese oft in dem steilen und zerklüfteten Terrain der Hoch- und Mittel-Gebirge, und in dem von Inklaven (diesen Wurzeln so vielen Uebels für den Wald!) zerschnittenen der Ebene. Grösseren Strecken Wegbauten haben aber weitgehende und oft schwierige Nivellements zu Grunde zu liegen, sollen sie den neueren Anforderungen der Wegbaukunde genügen, und nicht durch unnöthige Gegengefälle oder enorme Steigungen an die mittelalterigen Handelsstrassen erinnern. Diese General-Nivellements erfordern neben mancher Mühe und Anstrengung besonders einen grossen Zeitverlust, und durch nichts lässt sich dieser mehr vermindern, als durch gute, in ziemlich grossem Massstabe ausgeführte Terrainkarten, welche die erstmaligen Probenivellements ganz entbehrlich machen, und die Bestimmung des allgemeinen Wegzuges auch ohne vorherige Kenntniss des Terrains selbst ermöglichen.

Terrainkarten im Allgemeinen haben den Zweck, von einer bestimmten Gegend durch Zeichnung ein so genaues Bild herzustellen, dass jeder, der die Bedeutung dieser Zeichnungen kennt, sich genau über die Terrainverhältnisse orientiren kann, auch ohne dieselben selbst zu kennen. Diesen Zweck erfüllt natürlich eine gut ausgeführte Bergschraffur vollkommen.

Unsere forstlichen Terrainkarten haben neben diesem allgemeinen Zweck der Orientirung noch einen speziellen; sie sollen Aufschluss geben über die Höhe aller in den Rahmen der Karten gefassten Punkte, über ihre relative, d. h. ihr gegenseitiges Höhenverhältniss zu einander, und über ihre absolute Meereshöhe, so dass man, da sie zugleich etwaige Wegbau-Schwierigkeiten bezeichnen, vollständig sich über die Richtung, über die Länge und das Steigungsverhältniss, über die Schwierigkeiten künftiger Wegbauten schlüssig machen kann; und dies geschieht dadurch, dass man die betreffende Gegend in Horizontalcurven legt, d. h. sich auf dem Terrain in vorher bestimmter verticaler Entfernung alle auf gleicher Höhe liegenden Punkte verbunden denkt, und auf der Karte die sich so ergebenden Linien wirklich ausführt. Denken wir uns z. B., eine solche Horizontalcurve bezeichne einen Höhenunterschied von 5 m., so sieht man leicht ein, dass auf flach ansteigendem Gelände man eine grössere Strecke Weges zurücklegen muss, um bis zur nächsten Curve zu gelangen, d. h. um 5 m. höher gestiegen zu sein, als auf steilem, gebirgigem Terrain; dort werden die Curven weiter von einander abstehen, hier sich näher an einander rücken; es ist natürlich dann leicht, mit Hilfe dieser Linien die Höhe einer jeden Stelle zu bestimmen, wenn vorher die Höhenlage einer Anzahl wichtiger Terrainpunkte, z. B. Kreuzungspunkte von Abtheilungslinien (Tafel I. Fig. 1. B, C, D, E.) oder Stellen, an welchen fixe Linien die Eigenthumsgrenzen treffen (Tafel I. Fig. 1 A, H, G, F) endlich auch Punkte, an welchen das Terrain sein seitheriges Gefäll verändert (Fig. 1. J), genau bestimmt ist, und so den Anfang der Zählungen ermöglichen.

Soll z. B. in Figur 1 (Tafel I) die Höhe des Punktes K bestimmt werden, so kann dies dadurch geschehen, dass man von der tiefsten Stelle A oder H aus die Höhencurven zählt, um welche der Punkt K höher liegt, als der Punkt A, der den Anfang der Zählung bildet; hier ergibt sich die Zahl 9; folglich, da nach Messung der Punkt A 300 m. hoch liegt, eine Curve von der anderen einen verticalen Höhenunterschied von 5 m. bezeichnet, so liegt Punkt $K = 300 + 9 \times 5 = 345$ m. hoch, liegt auf derselben Horizontalen, wie Punkt B. Es lässt sich natürlich diese Höhenbestimmung von jeder anderen Stelle der Terrainkarte aus ebenso vornehmen; es liegt auch der Punkt K 10 Curven, folglich 50 m. unter dem höchsten Punkte E, Punkt E ist gemessen und bestimmt sich seine Höhe auf 395 m., folglich $K = 395 - 50 = 345$ m.

Die auf Grund vorausgegangener genauer Messung construirten forstlichen Terrainkarten haben aber neben dem oben erwähnten Zwecke der erleichterten Wegnetzprojektirung auch in forstwirthschaftlicher Hinsicht einen bedeutenden Werth; ja, es dürfte nicht zu viel behauptet sein, wenn man erwähnt, dass nur auf Grund dieser Karten manche Arbeiten, wie z. B. Revisionen von Forstwirthschaftseinrichtungen in der richtigen Weise vorgenommen werden können. Vergleicht man z. B. die Karten Tafel I, II, III, IV, mit Tafel V, welch enormer Unterschied auf den ersten Blick! Die erst erwähnten Karten bilden Theile von Revieren, welche auf dem Urgebirge stocken; kommen auch sehr steile Stellen, ja schroffe Klippen-Abstürze vor, wie z. B. Tafel II bei Barometerpunkt **54**, immer lässt sich doch eine gewisse Gleichmässigkeit erkennen, nie ein plötzlicher Wechsel des Terrains wahrnehmen; ebenso ist aber auch nicht zu übersehen, dass bei diesen Revieren sehr bedeutende relative Höhen vorkommen können; so ist z. B. Tafel II. Barometerpunkt **55** um 281,75 Meter höher, als der tiefste Punkt dieses Distriktes, Barometerpunkt **2**; auf diesem Terrain, wie es die Karten I — IV zeigen, wird natürlich manche wirthschaftliche Manipulation ganz anders vorzunehmen sein, als auf jenem, wie es z. B. Tafel V uns vorführt. Hier stockt das Revier auf Jurakalk und Dolomit; plötzlich senkrecht aufsteigende Klippen, fortwährender Wechsel des Terrains, überhängende Felswände bilden hier den Charakter, keine Gleichmässigkeit, keine Abtheilung, wie die zunächst liegende, daneben doch relativ unbedeutende Höhen. Auf diesem Reviere werden natürlich wieder Schwierigkeiten anderer Art der Bewirthschaftung entgegentreten, als die waren, die auf den erst erwähnten Revieren sich fühlbar machten. Bei allen diesen Revieren werden aber erst genaue Terrainkarten die Mittel an die Hand geben, welche die Revision einer Forstwirtschaftseinrichtung ermöglichen. Ein Inspektionsbeamter, der selbst das betreffende Revier nicht so genau kennt, wird auf Grund der vor ihm liegenden Terrainkarten in gar vielen Fällen ganz anders, als früher, bestimmen können, ob ein Revierverwalter mit Grund und Recht wegen der Ausformung des Terrains den einen Hieb verschob, den andern begann, hier die Stellung dunkler, dort lichter empfahl; er kann ja auf dem Tische mit Zirkel und Massstab den Neigungswinkel einer Abtheilung bestimmen, die er vorher noch nie gesehen. Möchte er z. B. wissen, mit welch' durchschnittlicher Neigung die Abtheilung 7. „Tralla" (Tafel II) gegen Norden abhängt, so braucht er ja nur mit Zirkel und Massstab die horizontale Länge von Barometerpunkt **43** bis Barometerpunkt **55** zu messen (a = 951 m.); er weiss nach seiner Terrainkarte, dass Barometerpunkt **55** um 189 m. höher liegt als Barometerpunkt **43** (b = 189 m.), folglich $\frac{b}{a}$ = tang. $\angle$ A; und mit Hilfe der Logarithmen findet er:

$$\angle \text{A} = 11° \ 14' \ 25''.$$

Es bildet sohin die Höhen-Messung aller wichtigen Punkte des aufzunehmenden Terrains die Haupt-Vorarbeit zur Terrainzeichnung. Haben wir auch durch die Landesvermessung von allen unsern Flächen die genauesten Karten, so sind doch Vertical-Messungen nur verhältnissmässig in geringer Menge vorhanden, und meistens nur von solchen Punkten, die, abgesehen von der Höhenbestimmung der Städte, hoher Berge und ähnlicher allgemeines Interesse bietender Gegenstände, wichtig für den Eisenbahnbau sich zeigen; durch fortschreitende Erweiterung dieses letzteren ist allerdings die Anzahl der gemessenen Höhenpunkte bedeutend gestiegen, allein gerade zur Verwerthung für forstliche Zwecke nur gering verwendbar, und es ist, wie bereits bemerkt, das Höhenmessen der wichtigsten Punkte unerlässlich.

Die genaueste und sicherste Höhenaufnahme geschieht allerdings durch das Messen mit dem Theodoliten (wie das Lehrforstrevier Gahrenberg aufgenommen wurde), oder durch das Nivelliren mit guten, fein gearbeiteten Instrumenten; allein man bedenke, wie sich ersterer Aufnahme doch oft der Umstand hindernd entgegenstellt, dass die betreffenden Punkte nicht zu sehen sind, und dann welcher Zeitaufwand erforderlich wäre, wollte man in zusammenhängenden Wald-Complexen mit dem Nivellir-Instrumente vorgehen, welche Schwierigkeiten in stark coupirtem Terrain auftreten würden, wenn es sich darum handelt, die Höhe steiler, felsig zerrissener und mit Geröllsteinen besäter Bergkuppen zu finden! Hier leistet uns die barometrische Höhenmessung ausserordentliche Dienste, die ja auch so sicher vorgenommen werden kann, dass sie für unsere Zwecke vollkommen zufrieden stellt.

Man verwendete früher zu diesen Barometermessungen fein gearbeitete, zum Ablesen der Höhenstände des Quecksilbers genau eingerichtete Quecksilber-Barometer. Geben dieselben nun auch sehr sichere Resultate, so sind doch auch die Unbequemlichkeiten nicht zu unterschätzen, die mit diesen Instrumenten verbunden sind; man wolle sich nur erinnern, wie schwierig es ist, die beträchtliche Glasröhre in den vorher beschriebenen Oertlichkeiten vor Beschädigung zu bewahren, oder wie leicht das vacuum bei den öfteren Aufstellungen und bei dem Transporte zerstört, und hiedurch das Instrument vollkommen unbrauchbar werden kann.

Als grosse Erleichterung ist desshalb die Anwendung der Metallbarometer zu betrachten, deren ersteres, das Baromètre anéroid, um das Jahr 1848 von Vidi erfunden wurde. Weitere Verbesserungen führten zu dem im Jahre 1861 erschienenen Baromètre holostérique von Naudet, Hulot & Comp. in Paris, von denen auch mir und meinen Collegen mehrere Exemplare von hoher Stelle zum Gebrauche überwiesen wurden.

Indem ich versuchen werde, in nur kurzen Worten eine allgemeine, für die Vornahme eines praktischen Versuches vielleicht hinreichende Beschreibung dieses Instrumentes zu geben, bemerke ich, dass diejenigen der geehrten Leser, die dasselbe näher kennen lernen, und überhaupt mit den barometrischen Höhenmessungen sich mehr beschäftigen wollen, in den über dieses Thema neu erschienenen Werken wohl leicht die gewünschte und wissenschaftlich gehaltene Ausführung finden werden. Die Anwendung des Baromètre holostérique[1]) beruht auf der Thatsache, dass die atmosphärische Luft auf einen flachen Cylinder C wirkt[2]),

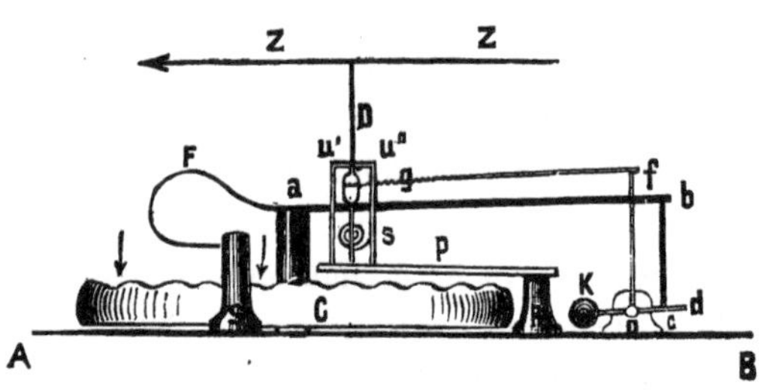

von dem die Bodenwände aus äusserst feinem Metalle bestehen, während die Seitenwände starr und fest sind. Die untere Bodenfläche ist durch eine Säule an einer Stelle mit der Grundplatte AB des ganzen Instrumentes fest verbunden, während die obere noch wellenförmig gerippt ist, und dadurch der Einwirkung der atmosphärischen Luft eine grössere Fläche bietet.

Ist der Cylinder nun im Innern möglichst luftleer gemacht, so ist leicht einzusehen, dass der Luftdruck von aussen die Bodenflächen des Cylinders einwärts zu drücken sucht.

Auf zwei Seiten neben diesem Cylinder befindet sich je eine mit der Grundplatte AB fest verbundene Säule, zwischen denen am oberen Ende (also oberhalb des Cylinders) eine starke Stahlfeder F befestiget ist, deren anderes Ende a in mittelbare Verbindung mit der Oberfläche des Cylinders gebracht ist. Die Feder hat das Bestreben, die Oberfläche des Cylinders aufwärts zu ziehen, und würde diese Wirkung auch hervorbringen (da ja die Oberfläche aus feinem, dem Zuge nachgebenden Metalle besteht), wenn ihr nicht der im Sinne der Pfeile wirkende Luftdruck entgegen stünde, der im Gegensatze die obere

---

[1]) ὅλος = ganz, ungetheilt, στερεός = starr, fest, hart; ein Baromètre holostérique desshalb ein Barometer, das durch und durch aus starren Metallen besteht (Höltschl).

[2]) Die der Beschreibung beigegebene Zeichnung ist nicht eine naturgetreue Abbildung des Instrumentes, sondern nur eine Veranschaulichung des Prinzipes, auf welchem die Wirkung des Barom. holost. beruht; es sind desshalb manche Theile vergrössert, verschoben oder einfacher gezeichnet, andere, zum Verständniss des Prinzips unwesentliche, ganz weggelassen.

Cylinderfläche nach Innen zu drücken sucht. Man sieht nun leicht ein, dass, wenn der Luftdruck zunimmt, die Oberfläche des Cylinders wirklich einwärts gedrückt, die Feder dadurch mehr gespannt wird, und umgekehrt, wenn der Luftdruck nachlässt, die Spannung der Feder wieder sich fühlbar macht, und die Oberfläche nach Aussen zieht, bis Feder- und Luftdruck sich wieder in's Gleichgewicht gesetzt haben. Man hat hier also in diesem Spiele der Feder und des Luftdruckes einen Massstab für die Zu- oder Abnahme des letzteren, und es kommt nur darauf an, diesen Massstab auch für das Auge bemerkbar zu machen.

Zu dem Zwecke ist mit dem einen, mit der Oberfläche des Cylinders in mittelbarer Verbindung stehenden Ende a der Feder F der eine Hebelarm ab eines Winkelhebels fest verbunden, dessen anderer Arm bc bei horizontaler Aufstellung des Instrumentes abwärts gerichtet ist.

Mit c in Berührung steht ferner der eine Arm od eines zweiten Winkelhebels, der bei o eine horizontale mit der Grundplatte AB fest verbundene Drehungsaxe hat, und dessen anderer Arm of aufwärts gerichtet ist; ebenfalls an der Drehungsaxe o befindet sich das Gewicht K.

Eine auf AB stehende Säule R trägt auf ihrem oberen Ende eine Platte P, auf welcher sich, in der Mitte des ganzen Instrumentes, eine verticale Drehungsaxe D befindet, die wieder an ihrem oberen Ende den Zeiger Z trägt. Die Axe D wird durch zwei neben ihr stehende, und fest mit P verbundene Säulen U' u. U'' in ihrem verticalen Stande gehalten; an der einen dieser Säulen (U'') ist eine feine Uhrfeder s befestiget, deren anderes Ende mit der Drehungsaxe D verbunden ist, und so dieser eine bestimmte Drehung zu geben sucht. Um D gewickelt befindet sich ein sehr sorgfältig gearbeitetes kleines Kettchen (g) das in f mit dem Hebelarm fo verbunden ist. Es lässt sich nun nach dieser Voraussetzung leicht das Spiel der Hebel, und mit diesem die Uebertragung der Luftdrucksveränderung auf den Zeiger Z erklären.

Nehmen wir an, zwischen Luft und Federdruck bestehe Gleichgewicht, und werde ersterer geringer, sofort wird nun die Spannung der Feder F sich bemerkbar machen und die Oberfläche C nach aufwärts ziehen, bis das Gleichgewicht wieder hergestellt ist; dadurch wird nun nicht nur die Oberfläche von C, sondern natürlich auch a und zugleich, da fest verbunden mit F, auch b in die Höhe gerückt. Mit der Bewegung von a b ist auch der zweite Arm des Winkelhebels b c gefolgt, und zwischen c und der Spange o d würde sich nun ein Zwischenraum befinden; dies verhindert das Gewicht K, indem dasselbe sich so lange senkt, bis o d wieder an c ansteht; mit der Senkung von K hat sich auch die Axe o gedreht, und hat dadurch den Hebelarm o f nach links bewegt; es würde also das Kettchen g f nicht mehr gespannt sein, und also keinen Zug mehr auf die Welle D ausüben. Sofort mit dem Frei-werden des Kettchen g f bewegt aber die Spiralfeder s die Welle D, und wickelt das Kettchen wieder auf, bis die Spannung von g wieder hergestellt ist. Es hat sich also die Welle D und mit ihr der Zeiger Z gedreht, und gibt gegen den früheren Stand das Mass, um wie viel der Luftdruck abgenommen hat.

Nimmt umgekehrt der Luftdruck zu, so wird die Oberfläche von C nach Innen eingedrückt, F mehr gespannt, dadurch a b und in Ver-bindung hiermit auch c abwärts bewegt; c drückt auf die Spange o d, hiedurch dreht sich die Axe o (wodurch K in die Höhe gehoben wird) und f kommt nach rechts zu stehen; das Kettchen g f wird durch die Seitenbewegung von f stärker gespannt, dadurch von der Welle D abgewickelt, die Spiralfeder s muss dem Zuge nachgeben, und D dreht sich und vermittelt dadurch auch die Bewegung von Z, der auf dem Zifferblatte die Grösse der Luftdruck-Zunahme erkennen lässt. —

Die Eintheilung des erwähnten Ziffer- oder Scalablattes ist nun in der Art getroffen, dass bei jenen Instrumenten, die für gewöhnlich zum Höhenmessen dienen und einen Durchmesser von 11 centim. haben und bis zu einer Höhe von 1900 m. reichen (die auch zu unseren Arbeiten verwendet wurden) der ganze Kreis in 18 gleiche Haupttheile, jeder dieser wieder in 10 gleiche Unterabtheilungen, und jeder der letzteren in 2 Theile getheilt ist. Die ersten 18 Haupttheile heissen analog der Bezeichnung am Quecksilberbarometer Centimeter, die Unterabtheilungen Millimeter, von denen jeder in seine Hälften getheilt ist. Es ist also zu ersehen, dass ein jeder Scalamillimeter nahezu die doppelte Grösse des wahren Millimeters besitzt. Ganze und halbe Millimeter können, wie erwähnt, direkt abgelesen werden, während feinere Unterscheidungen, die aber unbedingt nöthig sind, eingeschätzt werden müssen; erfordert dies auch eine kleine Uebung, so ist es doch in kurzer Zeit möglich, 0,05 ja selbst 0,03 des Scalamillimeters einzuschätzen. Da nun je nach der Temperatur der Luft und des Instrumentes, und dem herrschenden Barometerstande im Allgemeinen die Aenderung eines Scala-Millimeters

einer Höhendifferenz von 9—12 Meter entspricht[1]), so ist leicht einzusehen, dass das Barom. holost. eine Bestimmung von halben Metern
bei günstigen Umständen leicht zulässt, dass es z. B. die Höhendifferenz
eines Tisches und des Fussbodens anzeigt, Genauigkeiten, die wohl für
den angegebenen Zweck hinreichend sind.

Es bleibt nun noch die Frage zu erörtern, ob die Ablesung, die
wir im gegebenen Momente am Metallbarometer (Bar. hol.) machen,
auch die Angabe ist, die wir zum barometrischen Höhenmessen brauchen,
nämlich die auf $0°$ der Temperatur reduzirte Angabe eines Quecksilber-
Barometers? Dies ist sie nun nicht; sondern Metall- und Quecksilber-
Barometer zeigen nicht nur vom Anfange an eine Differenz in ihren
Angaben, sondern die Angaben des Metallbarometers ändern sich auch
mit der Zu- oder Abnahme der Temperatur im Innern des Instrumentes,
anderer Verhältnisse gar nicht zu gedenken, die darauf einwirken.

Um nun doch die Angabe des Metallbarometers einem Quecksilber-
barometer entsprechend zu machen, so dass also A (= Angabe des Metallbarometers) = B (= Angabe des Quecksilberbarometers) ist, so werden
den einzelnen Instrumenten vom optischen Institute aus speziell für
dieselben ermittelte Tabellen, sog. Correktionstafeln[2]), beigegeben, mit
deren Hilfe wir dann die Angabe des Metallbarometers auf $0°$ der Temperatur reduziren können. Es ist unerlässlich, nach jeder grösseren
Arbeit (z. B. nach einer während eines ganzen Sommers während en
barometrischen Messung) die Instrumente zur Ermittlung, ob diese Tabellen noch genaue Correkturen liefern, dem Institute zurückzugeben,
da die mit den Arbeiten unvermeidlich verbundenen Stösse, grosse Tem-
peratur-Differenzen (ja vielleicht Regen etc.), immer nachtheilig einwirken werden. — Haben wir nun die Angabe des Barometers auf $0°$ reduzirt, so können wir in den mancherlei Tabellen, die hierüber vorhanden sind (und deren eine den „Aneroiden von Naudet und Gold-
schmitt, eine Studie von Höltschl" entnommene, nach Radau berechnete
am Schlusse beigefügt ist) die sogenannte Seehöhe des betreffenden
Ortes, an welchem die Ablesung gemacht wurde, finden. Diese See-

---

[1]) Herr C. Hettig rechnet nach einem in der Zeitschrift des bayrischen Architekten-
und Ingenieur-Vereins erschienenen Artikel auf die Aenderung eines Scalatheiles in München
12 Meter; wir fanden für die Oberpfalz ca. 11 Meter.

[2]) Es würde über den Zweck des Büchleins hinausgehen, wenn man die Ermittelung
der oben erwähnten Differenz genauer betrachten wollte, und wird zum praktischen Gebrauche wohl die einfache Erklärung genügen, indem ja jede spezielle Arbeit über barometrische Höhenmessungen Aufschluss gibt; aus demselben Grunde ist auch die Ent-
wicklung der später vorkommenden Höhenmess-Formel vermieden.

höhe ist jedoch nicht auch zugleich die Höhe des betreffenden Ortes über dem Meere, seine absolute Höhe, sondern die Höhe desselben über einem Horizonte, wo gerade die auf $0°$ reduzirte Angabe des Barometers 762 mm. betragen würde, was allerdings ungefähr mit der Meeresfläche zusammenfällt. Für unsere Zwecke ist dies nun gleichbedeutend, da, wie wir später sehen werden, wir bei unseren Messungen nur relative Höhen wünschen, und die absolute Meereshöhe der einzelnen Punkte auf andere Weise suchen.

Wir haben oben bei Besprechung der zwischen Metall- und Quecksilber-Barometer bestehenden Differenz gesehen, dass es nothwendig ist, die Temperatur des Instrumentes zu kennen; dies vermittelt ein unter dem Glasverschluss des Metallbarometers angebrachtes Quecksilber-Thermometer, das nach einzelnen Celsius-Graden abgelesen werden kann, und dessen genauere Angaben nach Zehntels-Graden eingeschätzt werden. Das ganze Metallbarometer wird auf dem Transporte in einem gut eingerichteten Etuis verwahrt, so dass dasselbe, ohne Beschädigungen zu unterliegen, auf die unwegsamsten Punkte gebracht werden kann. In demselben Etuis befindet sich noch ein zweites Thermometer untergebracht, das die Bestimmung der äusseren Luft ermöglicht, da dieselbe, wie wir später sehen werden, nicht umgangen werden kann.

Da nun bekanntlich der Barometerstand im Allgemeinen nicht nur in den einzelnen Jahreszeiten, sondern täglichen Schwankungen unterworfen ist (wir fanden, dass von Früh bis Nachmittag gegen 4—5 Uhr das Barometer an einem bestimmten Orte im grossen Ganzen stets fiel, von da bis zum Morgen wieder stieg), so wird sich dadurch natürlich auch jener Horizont, wo $A = 762$ mm. ist, stets ändern und wir würden bei unseren Messungen ungewisse Höhen erhalten; es ist, um dies zu vermeiden, nöthig, die Barometermessungen, die an den einzelnen Punkten vorgenommen wurden, nach dem herrschenden Barometerstande zu rectifiziren; dies geschieht in der Art, dass mit einem Barometer an einem vorher bestimmten Punkte Beobachtungen vorgenommen, während mit dem anderen die Höhenmessungen bethätiget, und auf ersteres reduzirt werden; es sind sohin stets zwei Barometer nothwendig, und erhält man dadurch also relative Höhen.

Eisenbahnbau-Ingenieur Herr Eduard Herzog empfiehlt zwar das Arbeiten mit einem Instrumente, und die Ersetzung des Standbarometers dadurch, dass der arbeitende Ingenieur von Zeit zu Zeit auf einen vorher gemessenen Punkt zurückkehrt, und abermals Ablesungen macht, die sich ergebende Differenz (herrührend vom Schwanken des allgemeinen Barometerstandes) dann nach Verhältniss auf die inzwischen bestimmten Höhen vertheilt; doch dürfte für unseren Zweck, bei dem für jeden Punkt doch eine Genauigkeit von wenigstens 1—1,5 Meter erzielt werden muss, ein Stand-Barometer unerlässlich sein, während für Eisenbahn-Tracirungen und bei der Untersuchung der Wasserscheiden, bei denen eine Differenz von 4—10 Meter zulässig ist, die Arbeit mit einem Instrumente genügen mag.

Wie gross der Unterschied sein kann, der durch das Schwanken des allgemeinen Barometerstandes hervorgerufen wird, wird man bemerken, wenn ich anführe, dass z. B. im September des Jahres 1875 während der Aequinoctial-Stürme das Barometer von einem Tag auf den andern um 34 mm. gefallen war; bedenkt man nun, dass, wie oben erwähnt, im Mittel auf jeden Millimeter 10 Meter Höhendifferenz kommen kann, so würde z. B. ein Punkt, der am ersten Tag ohne Berücksichtigung des Barometerstandes gemessen, am zweiten controlirt wird, am zweiten Tage um 340 Meter höher oder tiefer zu liegen scheinen!

Hat man nun die Aufgabe, von einem Reviere Terrainkarten herzustellen, und sollen die nothwendigen Höhenpunkte durch Barometer-Messungen bestimmt werden, so würde sich die Arbeit folgendermaassen vertheilen.

Nach einer vorgenommenen Haupt-Orientirung über die Lage des Revieres und den Zug der Bergrücken, Thäler und Schluchten, den Verlauf der etwa schon vorhandenen Wege und die Lage der nächsten Eisenbahnstation, wird der Ort bestimmt, an welchem mit dem einen Barometer der allgemeine Barometerstand beobachtet werden soll; man wähle hiezu ein Haus, oder sonst einen geschützten Ort, der auch die Vornahme schriftlicher Arbeiten ermöglicht; sehr vortheilhaft, wenn auch für die Arbeit selbst nicht unbedingt nothwendig, ist es, diesen Ort des Standbarometers an der möglichst tiefsten Stelle des Revieres zu bestimmen, da man hiedurch nur positive Höhenangaben erhält, welche die Arbeit sehr erleichtern; dann sollen Stand- und Feldbarometer nicht zu weit sich von einander entfernen (nicht über 1 Meile nach Höltschl und nicht über 15 Kilometer nach Hettig); doch lässt sich hiefür wohl keine genaue Zahl angeben, da dies nur von der Witterung, von den Luftdruck-Verhältnissen im Allgemeinen abhängen dürfte; bei sehr wechselndem allgemeinen Barometerstande, dann auch auf einem Terrain, das sehr coupirt und hauptsächlich mit tiefen Thälern durchzogen ist, machen sich die Folgen des verschiedenen Luftdruckes wohl auf den vierten Theil der oben genannten Entfernungen fühlbar;

ebenso dürfte es mit der verticalen Erhebung sich verhalten; nach Hettig soll man nicht über 300 Meter mit dem Feldbarometer über den Ort des Standbarometers gehen; wir haben oft in viel grösserer Entfernung keine nachtheiligen Folgen für unsere Messungen gefunden. Ist die Wahl für den Ort des Standbarometers getroffen, so werden hier von dem einen der zusammen arbeitenden Ingenieure in gewissen Zeiträumen, z. B. alle 15 Minuten, bei wechselndem Luftdrucke alle 5—10 Minuten Ablesungen am Standbarometer und den Thermometern gemacht, während der andere nach vorhergehender Gleichstellung der Uhren und vorgenommener Bestimmung der Differenz der beiden Barometer[1]) mit dem Feldbarometer in Begleitung eines ortskundigen Führers in das Revier sich begibt, die fixen Linien (Distrikts-, Abtheilungs-, Unterabtheilungs-Linien), Grenzen, die Bergrücken, Thäler und Schluchten, die bereits vorhandenen Wege begeht, und an allen Punkten, an denen das Terrain sein seitheriges Gefäll verändert, das Barometer aufstellt, einige Zeit wartet, bis dasselbe die Temperatur des betreffenden Ortes angenommen hat, dann Ablesungen an demselben, sowie an den beiden Thermometern vornimmt, die Zeit in dem Beobachtungs-Journale, sowie den Ort der Ablesung auf der Karte[2]) notirt, wenn auch nur, wenn der Punkt nicht ohnehin fixirt ist, nach dem Augenmaasse, da die spätere genaue Einmessung zugleich mit der Terrainzeichnung vorgenommen wird. Bequem zur späteren Zeichnung sind hauptsächlich an langen Berghängen gerade, von der Höhe zu Thal ziehende Linien; bieten nicht Abtheilungslinien diese Gelegenheit, so ist es, hauptsächlich in dichten Verjüngungen, oft nicht zu umgehen, einige Messlinien leicht durchzuhauen.

Sind die für den Tag bestimmten Punkte gemessen, resp. die verabredete Fläche durchwandert, so werden nach der Zurückkunft die beiden Barometer abermals verglichen (doch lasse man vorher die Temperaturen sich ziemlich ausgleichen) und die Differenz der Barometer nach der Messung ebenfalls notirt. Beide Differenzen müssen dann bei der Berechnung der Höhen in Betracht gezogen werden, wie ein im Abschnitt II erscheinendes Beispiel zeigen wird.

---

[1]) Zwei auch noch so gut gearbeitete Barometer zeigen stets an einem und demselben Orte verschiedenen Barometerstand; es mag dies theilweise herrühren von der grösseren oder geringeren Erwärmungsfähigkeit des Metalls, theils auch von der mehr oder weniger bedeutenden Empfindlichkeit der einzelnen Instrumente. (Die beiden Uhren Carls V!)

[2]) Zum Zwecke der allgemeinen Orientirung genügt eine Karte im Massstabe von 1 = 20000; zum Einzeichnen der Horizontalkurven benutzten wir zehntausendtheilige Blankettkarten.

Am nächstfolgenden Tage bleibt das seitherige Feldbarometer als Standbarometer zurück, und das frühere Standbarometer controlirt die am Tage vorher aufgenommenen Punkte, und bestimmt, da die Controle natürlich weniger Zeit, als die erstmalige Aufnahme erfordert, neue Höhen, die dann wieder am folgenden Tage controlirt werden.

Es dürfte sich diese Arbeitstheilung nach unserer Erfahrung als zweckmässiger empfehlen, als jene Methode, nach welcher das Standbarometer dem Feldbarometer nach vorher bestimmter Zeit von Punkt zu Punkt nachfolgt; da nicht nur der durch die nothwendigen .Wege, wobei immer der eine von den beiden arbeitenden Ingenieuren auf den andern warten muss, herbeigeführte Zeitverlust, sondern auch der Umstand in Betracht kommt, dass am folgenden Tage der den Standbarometer beobachtende Genosse leicht die Aufnahmen vom vorigen Tag berechnen kann, also auch eine bessere Arbeits-Eintheilung und ein rascheres Ineinandergreifen erzielt ist.

Es ist hiebei jedoch nicht zu übersehen, dass nicht immer die barometrischen Höhenmessungen den Gang der Arbeit beschleunigen; wir haben hiebei oft zu unserem Nachtheile Erfahrungen gemacht. Bei relativ nicht unbedeutenden Höhen, im dichten Walde, auf Felsen und Klippen ist der Platz des Barometers, während flache Abtheilungen, die oft nur geringe Höhenunterschiede bieten, viel leichter durch ein rasches Nivellement bestimmt werden. Wir haben z. B. die Abtheilung 1 „Mittelhut" (Tafel II) mit Hilfe des Barometers bestimmt, und gerade hiebei die erwähnten Nachtheile gefunden. Hier sind die sämmtlichen Höhen kaum 1—3 Meter von einander verschieden, und liegen noch dazu theilweise unter, theilweise über dem Orte des Standbarometers; hier wäre man mit einem Nivellirinstrumente viel rascher zum Ziele gelangt, da mit dem Barometer mehrere Messungen vorgenommen werden mussten, um sichere Resultate zu erzielen. Es dürfte hieraus erhellen, dass am zweckmässigsten Barometer und Nivellirinstrument, jedes an seinem Platze, sich gegenseitig ergänzen und unterstützen sollen.

Sind nun auf die eine oder andere Weise alle zur Zeichnung des Terrains wichtigen Punkte gemessen, so kann, um für die einzelnen relativen Höhen auch die absolute Meereshöhe zu erhalten, das eine Barometer als Standbarometer auf dem seitherigen Orte zurückbleiben, während das andere an einer Stelle, von welcher die Höhencote genau bekannt ist, z. B. auf einem Bahnhofe, Ablesungen macht, und so sich die verticale Entfernung des Standbarometers ergibt; durch Addition der relativen Höhen + der Höhe des Standbarometers über dem Bahnhofe und der Höhencote des letzteren entziffert sich für jeden einzelnen Punkt die absolute Meereshöhe.

Nach diesen Vorarbeiten kann zur eigentlichen Terrainzeichnung, zur Construktion der Horizontalcurven geschritten werden.

Für diese Arbeiten, die doch wenigstens im Concept im Walde vorgenommen werden müssen, haben wir als sehr praktisch die Verwendung der sogenannten Pauschleinwand gefunden; es wäre natürlich zu unbequem, stets die ganze 10000 theilige Karten, die doch zur Zeichnung aufgespannt werden müssen, mit sich zu führen; zur Vermeidung dieses brachten wir die eine oder zwei Abtheilungen, die das Angriffs-Objekt für den betreffenden Tag bilden sollen, als Copie der Karten auf Pauschleinwand und befestigten sie im Innern einer zusammenschlagbaren Mappe, die noch Zirkel, Massstab etc. enthielt; hiedurch ist sowohl eine feste Unterlage zum Zeichnen gewonnen, als auch die Copie leicht vor Beschädigungen etc. gesichert; ist endlich die ganze Abtheilung fertig, d. h. sind alle Horinzontalcurven construirt und eingezeichnet, ebenso alle andere Verhältnisse notirt, die für die Terrainkarten von Werth sind, so ist die Zeichnung leicht durch sogenanntes Durchpauschen auf die Hauptkarte zu bringen. Ein vorsichtiges Durchpauschen dürfte in diesem Falle mehr zu empfehlen sein, als ein auch noch so sorgfältiges Nach-Zeichnen und Nach-Construiren zu Hause; oft bringt man an Ort und Stelle durch irgend eine eigenthümliche Zeichnung der Horizontalcurven eine gerade auf dem Terrain vorhandene Ausformung zum Ausdrucke, die beim Nach-Zeichnen, dem Gedächtnisse nicht mehr bekannt, leicht übersehen werden kann.

Es werden nun, nach vorheriger Bestimmung der verticalen Entfernung der Höhencurven, für alle einzelnen Barometerpunkte die Anzahl der Curven berechnet, um die sie über oder unter dem Orte des Standbarometers liegen; sei z. B. Fig. 1 (Tafel I) A der Ort des Standbarometers, und B liege um 45 Meter höher, als A; C um 60 Meter, D um 85, E um 95 Meter, F um 20 Meter, G um 5 Meter und H = A, so werden, wenn die verticale Entfernung einer Curve von der anderen 5 Meter beträgt, in einer Tabelle zusammengestellt:

A = 0 Curven; B = + 9; C = + 12; D = + 17; E = + 19;
F = + 4; G = + 1; H = 0 Curven.

Nach dieser Berechnung für sämmtliche Barometerpunkte werden nun zunächst die Umfassungsgrenzen jener Abtheilung, die an dem Tage bearbeitet werden soll, also Abtheilungslinien, Eigenthumsgrenzen, überhaupt fixe Linien, dann aber auch im Innern der Abtheilung die Bergrücken, Mulden, Schluchten, bestehende Wege etc. begangen, und zwischen den einzelnen Barometerpunkten die auf die verticale Erhebung treffenden Curven eingetragen, resp. deren Schnittpunkte mit den begangenen fixen Linien auf der Karte eingezeichnet. Begehen wir z. B. Tafel I Fig. 1 die von dem Thal zum Berg steigende Abtheilungslinie AB, so werden wir nach einer verticalen Erhebung von je 5 Meter (welche Bestimmung zunächst dem Augenmaasse vorbehalten bleibt) den Schnittpunkt einer Horizóntalen auf der Karte einzeichnen, indem wir den Winkel, den sie in der Natur mit der Messlinie bildet, einschätzen können, da sich bei einiger, leicht zu verschaffender Uebung bedeutende Fehler wohl kaum ergeben werden. Da nach unserer aufgestellten Tabelle Barometerpunkt B um 9 Curven über A liegt, so muss die 9. Horizontale durch B hindurchgehen; die Fortsetzung dieser Manipulation bringt uns nach Einzeichnung von abermals drei Horizóntalen, also im Ganzen von 12 über A nach C; von C nach H abwärts müssen wir 12 Curven einzeichnen, da Barometerpunkt C 60 Meter = 12 Curvenabständen über H liegt. H und A liegen gleich hoch, demnach geht die Horizentale, die durch A geht, auch durch H.

Bei diesem Begehen der Linien wird nun auch zugleich die Lage der einzelnen Barometerpunkte genau eingemessen, wenn dieselbe nicht schon bestimmt sein sollte, welche Messung ganz verschieden ist, sich nur nach der augenblicklichon Lage richtet; so wurde z. B. Barometerpunkt 39 (Tafel II), der in einem lichten Bestande sich befindet, dadurch bestimmt, dass man auf der zufällig nahe vorbei führenden Unterabtheilungslinie von x nach y gemessen, und dort im rechten Winkel die Entfernung von y nach Punkt 39 bestimmte; während Barometerpunkt 51 in der Abtheilung 7 „Tralla" (Tafel II) auf einem freien, übersehbaren Schlage (einem Andenken an dem Windbruch 1870) durch Vorwärts-Abschneiden und Barometerpunkt 75 in der Abth. „Ruberlschlag" (Tafel II) im dichten Buchen-Gertenholz durch fortgesetztes Stationiren mit dem Winkel-Instrumente bezeichnet werden musste.

Hat man nun die Abtheilungslinie CH (Fig. 1. Tafel I) begangen, und nach dem Augenmasse nach einer verticalen Erhebung von je 5 Mtr. die Richtungen, welche die Horizontalcurven an den betreffenden Stellen auf dem Gelände nehmen würden, auf der Karte verzeichnet, ebenso diejenigen Stellen, an welchen das Terrain steiler oder flacher zu werden beginnt, mit der Kette oder dem Messbande eingemessen, und hat man endlich dieselbe Arbeit beim Begange der Linie

D G vorgenommen, so zeigt sich schon durch diese Schnittpunkte[1]) allein, dass erstere Linie in einer oben engen, gegen unten breiter werdenden Mulde, die letztere auf einem Rücken verlaufen wird, deren genauere Beschaffenheit, die Richtung und der Gefällwechsel, die Breite der Mulden, Schluchten und Rücken, ebenso die Lage etwaiger Bergköpfe und Felsen nöthigenfalls eingemessen werden muss (wozu sich am besten ein bequemes Winkel-Instrument eignet; wir benutzten zu diesen Zwecken, wie mehrmals erwähnt, die Winkeltrommel, die sich auch sehr gut bewährte). Die Terrainzeichnung auf den Messlinien selbst ist mit weniger Schwierigkeit verbunden, da hier ja die Ausformung des Gelände vor Augen liegt; viel schwieriger ist die Zeichnung im Innern der Abtheilung, besonders in Junghölzern; hier erübriget nur, die Abtheilung genau zu durchgehen (ja oft zu durchkriechen!) und mit einer Copie der betreffenden Fläche dem Augenmasse nach die Horizontalen zu zeichnen; hier mit einem einfachen Nivellir-Instrumente schnell die Neigung zu bestimmen, und auf der Copie einzutragen, dort den Verlauf einer wichtigen Mulde oder eines Rückens mit dem Winkel-Instrumente einzumessen, selbst wenn es im dichten Jungholze nicht zu umgehen ist, schmale Visirlinien durchzulichten, die sich ja bald wieder verwachsen.

Sind so alle fixen Linien, ebenso alle Mulden und Rücken, begangen, und die treffende Anzahl der Curven auf den einzelnen Linien eingezeichnet, so erübriget nur noch die Verbindung der einzelnen Horizontalcurven unter einander, wobei man von der obersten oder auch von der untersten Curve zu beginnen hat, am besten an jenem Punkte, durch welche eine ganze Curve (ohne Zehntel) zu zeichnen ist; eine Controle für die Richtigkeit der Zahl, der zwischen den einzelnen Barometerpunkten eingezeichneten Horizontalen hat man durch den Umstand, dass sich bei einer auf der Karte geschlossenen Figur auch stets die Horizontalcurven schliessen müssen; d. h., dass von einem Punkte zu einem anderen sich stets, man mag zählen nach welcher Seite man will, dieselbe Anzahl der Curven ergeben muss. Zählt man z. B. die Anzahl der zwischen A und C (Fig. 1 Tafel I) treffenden Horizontalcurven von A über B nach C, so muss man die Zahl 12 erhalten; nimmt man die Zählung über H, G, F, E, und D vor, so muss sich

---

[1]) In Fig. 1. sind die beim Begange der Linien eingezeichneten Schnittpunkte durch ganze, die später nach Beschaffenheit des Gelände vorgenommene Verbindung der Horizontal-Curven durch punktirte Linien bezeichnet.

dieselbe Zahl ergeben, denn von A nach E treffen 19 Curven, Punkt C liegt 7 Curven unter E, folglich liegt C 12 Curven = 60 m. über A.

Es ist nicht zu leugnen, dass die Schwierigkeit der vorbeschriebenen Methode des Terrainzeichnens hauptsächlich in der richtigen Ansprechung des Gefälles zwischen den einzelnen Barometerpunkten liegt, und also in der richtigen Einzeichnung der zwischen dieselben treffenden Horizontalcurven, und, dass hiezu allerdings eine ziemliche Uebung erforderlich ist. Um diese Schwierigkeit zu vermindern, benutzte der kgl. Forstamtsassistent Reimer bei seinen Arbeiten ein ähnlich dem in Schuberg's Waldwegbau (Seite 36) beschriebenen Quadrantenstock nachgebildetes Instrumentchen, das mit Prozenttheilung versehen, und leicht auf dem Stative der Winkeltrommel benutzt werden konnte.

Wir haben oft bemerkt, dass der Gebrauch noch anderer einfacher Instrumente, welche die Leistungen des Barometers unterstützen oder kürzen, unumgänglich nothwendig ist. Die Bergwände haben nur streckenweise gleiche Neigung, es werden deshalb auch zunächst die Abtheilungslinien, Umfassungsgrenzen einer Figur nicht im gleichmässigen Gefälle von Berg zu Thal ziehen, sondern in ihrem Gefälle mehr oder weniger Wechsel zeigen, die, wie wir oben gesehen, beim Terrainzeichnen durch Messung mittelst Kette und Messband bestimmt werden; die Hauptwechselpunkte werden nun allerdings in ihrer Höhenlage zu einander barometrisch gemessen, die geringeren Aenderungen aber am zweckmässigsten in einfachster Weise, z. B. mit Setzlatte und Blei- oder Wasserwage, oder auch durch einfache Gradmesser (wobei dann natürlich die Benutzung von Tangententafeln nothwendig ist, um aus dem Winkel und der horizontalen Länge den Höhenunterschied zu finden) bestimmt, und auf der Copie die so gefundenen Höhen eingetragen, welche Bemerkungen natürlich die Curvenconstruktion sehr erleichtern; besonders oft werden diese Hülfs-Instrumente im Innern der Abtheilung selbst Verwendung finden, wenn es sich bei der Terrainzeichnung darum handelt, rasch die Neigung einer Mulde oder eines Rückens zu finden, für welchen die Messung eines Barometerpunktes übersehen oder nicht für nothwendig gefunden wurde.

Bei der Construktion der Höhencurven ist ferner auch darauf zu sehen, dass man einige, besonders wichtige Punkte, trigonometrisch bestimmt, wenn sie auch schon barometrisch gemessen sind; so besonders die höchsten Punkte des Complexes, oder den Ort des Standbarometers; man erhält hiedurch natürlich die beste Controle seiner barometrischen Messungen.

Mit der Terrainzeichnung wird zugleich die Vormerkung aller Verhältnisse verbunden, die einem etwaigen Wegbaue hindernd entgegen treten würden; so sind z. B. auf den Terrainkarten der Oberpfalz Felsen durch gezackte Curven angedeutet; doch ist hier nicht immer unter dieser eigenthümlichen Art der Curvenzeichnung ein unüberwindliches Hinderniss zu verstehen, sondern werden Felsen (die unsere Sprengmittel in vielen Fällen leicht überwinden werden) hauptsächlich nur dann als Wegbauhindernisse zu betrachten sein, wenn mehrere Curven sehr nahe an einander treten, so dass neben dem felsigen Terrain noch steile Felswände entstehen.

Auf Grund der nun fertig gestellten Terrainkarten lassen sich dann Wege ohne vorhergehende weitläufige Probe-Nivellements leicht projektiren, da sich sowohl die passende Wegrichtung, als auch etwaige Hindernisse leicht erkennen, überdiess mit Hilfe von Zirkel und Maassstab die Länge und das Gefällverhältniss bestimmen lassen.

Hat man z. B. die Aufgabe, in einem Waldcomplexe einen Weg oder ein Netz von Wegen anzulegen, so geben die Terrainkarten, welche alle Schluchten und Mulden, alle Bergköpfe und Rücken verzeichnen, ein leicht übersehbares Bild des ganzen Complexes, und lassen die Stellen finden, an welchen der Weg am besten anzulegen ist. Man hat nur die Punkte, welche derselbe berühren soll, in's Auge zu fassen, die Anzahl und den Verlauf der zwischen denselben befindlichen Horizontalcurven zu ermitteln, und die projektirte Linie auf der Karte einzuzeichnen. Durch Abgreifen der Linie mit dem Zirkel und mit Hilfe des Maassstabes der Karte lässt sich die Weglänge, durch Multiplication der Anzahl der Curven mit ihrem verticalen Höhenunterschiede unter einander die relative Höhe der betreffenden Punkte bestimmen, und so das Prozentverhältniss der Wegstrecke ermitteln, welches im nicht convenirenden Falle leicht durch passende Verlängerung der Wegstrecke geändert werden kann. — Zum Uebertragen der projektirten und genehmigten Linien auf das Terrain benutzten wir meistens das für diese Zwecke als sehr vortheilhaft sich bewährte Bose'sche Nivellir-Diopter, verbessert von Staudinger, welches eine Einstellung der Visirlinie nach Prozenten zulässt.

Hatte man z. B. mit Hilfe der Terrainkarten ermittelt, dass zwischen Punkt A und B die projektirte Linie ein Verhältniss von + oder — 3 pCt. zu erhalten hat, so begab man sich mit dem Instrumente auf Punkt A, stellte das angegebene Prozentverhältniss am Instrumente ein, (welche Einstellung mit Hilfe des am Instrumente befindlichen Nonius sehr genau geschehen kann) und liess nun auf dem Terrain in passender Entfernung [1]) die Latte so lange auf- oder abwärts tragen, bis sich eine Stelle fand, an welcher die Visirlinie genau einspielte; die Stelle wurde genau bemerkt, das Instrument nach Messung der Stations-Länge dorthin gebracht; durch fortgesetztes Stationiren mit demselben Prozent-Verhältnisse muss man, wenn die Terrainkarte richtig ist, in die unmittelbare Nähe des Punktes B kommen; kleinere Abweichungen lassen sich durch kurzes Rückwärts-Nivelliren ausgleichen; wird dieselbe Arbeit von Punkt zu Punkt fortgesetzt, so wird endlich die projektirte Wegstrecke auf dem Terrain festgelegt sein. Doch auch die Art und Weise der Uebertragung der projektirten Linien hängt ganz von der Beschaffenheit des Terrains ab; es ist hier hauptsächlich zu unterscheiden, ob dasselbe eine solche Gleichmässigkeit zeigt, dass die projektirten Weglinien mit dem durch die Terrainkarte berechneten Gefälle bestimmt und festgelegt werden können; in diesem Falle wird man auf die soeben beschriebene Weise verfahren, wie auch die Linien der auf Tafel I—IV gezeichneten Wege übertragen wurden. Ein grosser Unterschied ist aber bei Revieren mit einem Terrain, wie es Tafel V uns vom Revier Krottensee vorführt. Hier in diesem felsigen, klippenreichen, ungleichförmigen Terrain, bei relativ unbedeutenden Höhen wäre auf die oben erwähnte Weise durch alleiniges Abstecken der Linie mit dem Nivellir-Diopter nicht leicht vorwärts zu kommen; und hier haben die Terrainkarten hauptsächlich den Zweck, uns die Punkte in einer gewissen Uebersichtlichkeit zu zeigen, durch welche der projektirte Weg nicht nur am vortheilhaftesten, sondern in vielen Fällen auch nur allein gebaut werden kann; die Uebertragung der projektirten Linien geschieht dann nicht nur mit dem mehr erwähnten Nivellir-Diopter, sondern hier wechselt dasselbe oft seinen Platz mit dem Winkel-Instrumente; ja oft ist es möglich und sicher, dieselben dem Augenmaasse nach unter Vorbehalt einer allenfalsigen Correctur abzustecken.

Möge für das bisher Gesagte die Projektirung des Burgstallweges im Revier Waldmünchen II, Forstamts Cham, als Beispiel dienen: Der sogenannte Kesselwald des Revieres Waldmünchen II ist von einem Netze gutangelegter Wege durchschnitten. Der Althüttenweg, der einst die direkte Verbindung des Revieres Waldmünchen I mit der Eisenbahnstation Furth vermitteln soll, die Kesselstrasse mit ihrer Abzweigung

---

[1]) Die Länge der Stationen hängt ganz von den Terrainverhältnissen und der Bestockung der Fläche ab; oft waren dieselben nur 5—6 Meter, oft auch über 100 Meter lang.

nach Gschwand, dem sogenannten Gschwanderweg, dann vor allen die Waldmünchen-Further Strasse erschliessen fast alle Abtheilungen; nur die Abtheilungen „Vorderer und hinterer Burgstall," die grosse Abtheilung „Schneiderwiese" und ein Theil der Abtheilung „Halmen" sind noch nicht von Wegen durchschnitten, und es sei nun Aufgabe, hiefür einen vortheilhaften Weg zu projektiren.

Den Hauptanschluss würde der neue Weg an der Waldmünchen-Further Strasse, dann am Gschwander-Weg zu erhalten haben, um nach beiden Hauptrichtungen, nach Waldmünchen und besonders zur Eisenbahnstation Furth, die vollständige Verbindung herzustellen, und so weit wie möglich die oben erwähnten Abtheilungen zu durchschneiden; es wäre natürlich jene Linie die zweckmässigste, die sich so nahe als möglich an der Staatswaldgrenze halten, so dass sie die genannten Abtheilungen vollständig fassen könnte. Sehr hinderlich für die Anlage des Weges ist der tiefe Einschnitt der Privatgründe bei dem barometrisch gemessenen Punkte 67; da jedoch die Erwerbung dieses Privatbesitzes für die nächste Zeit kaum in Aussicht steht, so bildet gerade dieser Punkt diejenige Stelle, über die vor allem der zu projektirende Weg seinen Verlauf zu nehmen hat; vom Punkt 67 auf den Gschwanderweg ist die Verbindung ohne Schwierigkeiten, das Terrain flach, und mit 4—5 pCt. würde der Weg am vortheilhaftesten anzulegen sein; doch was zeigt uns die Terrainkarte in Bezug auf die Verbindung mit der Waldmünchen-Further Strasse? Projektiren wir z. B. den Weg in der Art, dass er vom Barometerpunkt 67 bis zum Punkt 44, von da an Punkt 42 vorüber nach 30, und von hier in der Nähe des Punktes 16 vorbei am Barometer-Punkt (B. P.) 15 auf die genannte Strasse treffen würde, so wäre dieser vollkommene Grenzweg zwar sehr vortheilhaft angelegt, allein untersuchen wir, ob nach der Terrainkarte diese Linie möglich ist, ohne den im Anfange aufgestellten Grundsatz, Gegengefälle und starke Gefällunterschiede thunlichst vermeiden zu wollen, zu verletzen.

Greift man auf der Karte die vom Punkt 67 bis 44 projektirte Linie mit Zirkel und Maassstab ab, so erhält man 482 m.; die Terrainkarte zeigt aber auch zugleich, dass wir bei Punkt 44 um 6 Horizontalcurven à 4,38 m. = 26,28 m. gefallen sind, und ergiebt sich sohin folgende Gleichung = 482 : 26,28 = 100 : x, oder wir haben von Punkt 67—44 ein durchschnittliches Gefäll von 5,5 pCt.; da dieses Prozentverhältniss bei Waldwegen noch gut anzunehmen ist, so wäre diese Linie bis zum 44 wohl beizubehalten; doch verfolgen wir die Strecke weiter, so sehen wir auf der Terrainkarte, dass von 44 bis 42 sich der Weg zwischen denselben Horizontalcurven bewegen, also ohne bedeutendes Gefäll angelegt werden kann; anders verhält es sich bis zum Punkt 30, bis wohin der Weg um 7 Curven = 30,66 m. fallen, also bei einer Länge von ca. 467 m. ein durchschnittliches Verhältniss von 6,6 pCt. ergeben würde; doch übersehe man nicht, dass auf dieser Linie eine Stelle sich findet, an welcher der Weg bei einer Länge von 73 m. um 3 Curven gefallen wäre, wodurch sich ein Prozentverhältniss von 18 pCt. ergibt. Bei Punkt 30 ist eine ziemlich tiefe und breite Mulde zu überschreiten, um dann sofort ein bedeutendes Gegengefäll zu überwinden, und lässt sich hier durch Auf- und Abtrag wohl nie ganz abhelfen. Bis Punkt 16 wäre zwar der Weg ohne Schwierigkeiten anzulegen, allein von dort bis zur Waldmünchen-Further Strasse hätte er bei einer Länge von ca. 350 m. eine Höhe von 7 Curven = 30,66 m. zu ersteigen, und würde sich sohin durchschnittlich 8,7 pCt. ergeben, allein man muss beachten, dass sich dieses Prozentverhältniss an einer Stelle bei einer Länge von ca. 88 m. und nach Zurücklegung von 3 Curven auf 15 pCt. steigern würde.

Ueberblickt man nun die ganze projektirte Linie, so würde der Weg im Anfange am Gschwanderweg bis zum B. P. 67 um 4—5 pCt. steigen, dann um 6 pCt. fallen, hierauf fast horizontal verlaufen, um mit 18 pCt. auf den Punkt 30 zu gelangen, dann ein abermaliges Gegengefäll zu überwinden haben, und nach einem sehr mässigen Gefälle bis zum Punkt 16 mit 15 pCt. die Waldmünchen-Further Strasse ersteigen. Abgesehen davon, dass an manchen Stellen bis zu 18 pCt. Steigung sich ergibt, wäre der Weg eine zusammenhängende Kette von Gegengefällen, und ist dieses Projekt daher nicht ausführbar. Ist nun auch, wie bewiesen, ein Grenzweg nicht gut zu bauen, so bleibt doch für uns der Grundsatz maassgebend, dass der zu projektirende Weg so tief, als möglich, angelegt werden muss, um die betreffenden Abtheilungen völlig zu erschliessen; doch bemerken wir auch zugleich, dass jeder Weg, der von Punkt 67 aus mit einem mässigen Gefälle vorgehen würde, stets bei der Verbindung mit der Waldmünchen-Further Strasse ein ziemlich bedeutendes Gegengefäll zu überwinden hat, um dann sofort auf derselben ein Prozentverhältniss von 7 pCt zu erhalten. Es bleibt sohin noch die Frage zu erörtern, wohin führt die von Punkt 67 ausgehende horizontale Linie, resp. ist die Möglichkeit vorhanden, vom Punkt 67 bis zur Waldmünchen-Further Strasse, ohne Gegengefälle hervorzurufen, zu gelangen?

Verfolgen wir die Horizontalcurve, die durch den Punkt 67 geht, so führt sie uns an den steilen Felsen des „Burgstall" vorüber durch die Felsen in der Abtheilung „Schneiderwiese" über die Inclave in dieser Abtheilung und endlich auf die Waldmünchen-Further Strasse und zwar 1½ Horizontalcurven = 7 m. unter die Wegcurve A. Greift man die ganze Länge von Punkt 67 bis A ab, so entziffern sich 2510 m., also ein durchschnittliches Neigungsverhältniss von

$$p = \frac{7 \times 100}{2510} = 0{,}3 \text{ pCt.}$$

Es ist sohin dieses Projekt die einzige Linie, die ohne Gegengefäll hergestellt werden kann; bei dem unendlich kleinen Prozentverhältnisse von 0,3 ist der Weg als horizontal anzusehen. Obgleich nun der projektirte Weg über die Inclave in der Abtheilung „Schneiderwiese" führt, so wäre doch hierauf wohl kaum viel Gewicht zu legen, da die Erwerbung dieser von einem so grossen Staatswald-Complexe vollkommen eingeschlossenen Wiese doch nur eine Frage der Zeit sein dürfte[1]), und eine jede Umgehung dieser Inclave ein Gegengefäll hervorrufen würde, wenn der Weg so tief als möglich gelegt werden soll.

Ist nun die Möglichkeit vorhanden, durch die Felsen des „Burgstalles" und jene der Abtheilung „Schneiderwiese" zu kommen, so dürfte sich dieses Projekt als das einzig durchführbare empfehlen, und zwar wäre die Verbindung bei der Wegcurve A der Waldmünchen-Further Strasse herzustellen, um den Weg nach beiden Richtungen hin gleich bequem zu machen. Da das geringe Prozentverhältniss bei etwa entgegentretenden Terrainschwierigkeiten nur einen ganz unbedeutenden Spielraum im Wechsel des Gefälles möglich macht, wurde am Punkt 67 das oben erwähnte Nivellir-Diopter von Staudinger mit horizontaler Visirlinie aufgestellt, und nach seiner Weisung die Linie festgelegt, und siehe da, sie führte durch die Felsen des „Burgstalls" sowohl, als durch jene der „Schneiderwiese" an einer Stelle, wo die Anlage des Weges zwar mit Schwierigkeiten verbunden, allein immerhin möglich ist; auf jeden Fall wäre also der Weg vom Punkt 67 an bis zu den Felsen in der Abtheilung Schneiderwiese horizontal anzulegen[2]); von hier bis zum Punkte A wären zwei Fälle zu unterscheiden; wir haben durch die horizontale Richtung bis hierher und dadurch abgekürzter Gesammt-

---

[1]) Die Hälfte ist bis jetzt bereits käuflich erworben.

[2]) Es lässt sich natürlich beim Baue der horizontalen Linie stets noch so viel Gefäll erzielen, dass das Wasser in den Gräben von Durchlass zu Durchlass abfliessen kann.

länge von 1080 m. eine Steigung, wie oben, von 7 m., also ein Prozentverhältniss von

$$p = \frac{7 \times 100}{1080} = 0{,}6$$

zu überwinden; soll man nun mit diesem Verhältnisse gleichmässig vorgehen, oder vielleicht die horizontale Richtung noch beibehalten, und
die Steigung bis zum Schlusse aufsparen? Man entschied sich für
das letztere, indem man in Erwägung zog, dass ein allmähliges Steigen
den Weg in der ohnehin sehr flachen Abtheilung „Halmen" immer
weiter aufwärts, also auch immer weiter von der Staatswaldgrenze entfernen würde, dass ferner die Waldmünchen-Further Strasse an der
Stelle A ein Gefällverhältniss von über 7 pCt. besitzt, deshalb nur ein
allmähliger Uebergang erwünscht wäre; man behielt also die horizontale
Richtung bis zur Distriktslinie zwischen XXV und XXVI bei, gab dann
dem Wege eine Steigung von zuerst 1 pCt., bis man zuletzt mit einer
auf kurze Strecke beibehaltenen Steigung von 3 pCt. auf die voraus bestimmte Stelle der Waldmünchen-Further Strasse gelangte.

So hatte sich der Beweis ergeben, dass die Terrainkarte dieser
Abtheilungen ohne merkliche Fehler hergestellt ist, da ohne vorher-
gehendes Probe-Nivellement der Weg nach dem voraus bestimmten
Prozentverhältnisse auf dem Gelände festgelegt wurde.

Auf die bisher angegebene Weise wurden während der Sommer-
monate (Mai mit Oktober) der Jahre 1874, 1875 u. 1876 von 11641 Hekt.
der oberpfälzer Staatswaldungen die Terrainkarten hergestellt (welche
Zahl sich während des Sommers 1877 anf mindestens 24000 Hekt. erhöhen dürfte) und bis jetzt auf Grund dieser Karten 182171 Meter
Wege projektirt, sowie die Lage, Richtung und Mittellinie derselben auf
dem Terrain durch Nivelliren der Strecken und Anlage von Fuss- oder
Begangspfädchen festgelegt.

Vielleicht bietet für manchen der geehrten Leser die umstehende
Tabelle einiges Interesse.

Zur Erklärung nachstehender Tabelle sei Folgendes erwähnt:

Die Tabelle ist im grossen Ganzen nach dem Stande zu Ende des
Jahres 1876 gefertiget; nur vom Reviere Eslarn ist ein kleiner Theil
der Kosten, dann die Zahlen über die bereits in Begangspfade umge-
wandelten Linien, und vom Reviere Pullenried die Hälfte der Kosten
dem Jahre 1877 entnommen, da hier die Arbeiten im Herbste 1876
nicht mehr beendigt werden konnten[1]).

---

[1]) Vielleicht ist Gelegenheit geboten, in einer unsrer forstlichen Zeitschriften diese

Namen der Reviere.	Fläche, von welcher Terrainkarten hergestellt sind.	Länge der projektirten Wege.	Kosten, die auf die fraglichen Arbeiten erwachsen sind.	Länge der bereits in Begangspfade umgewandelten Linien.	Kosten, die darauf erwachsen sind.	Es treffen sohin von den Kosten (Spalte 4) auf		Bemerkungen.
						1 Hektar	1 Meter	
1	2	3	4	5	6	7		8
	Hektar	Meter	Mark	Meter	Mark	Mark	Mark	
Eslarn	493	2988	559	a) 1464 b) 1524	a) 264 b) 183	1,13	0,18	a) 2 Meter breit, zum Abfahren v. Durchforstungs- etc. Material geeignet. b) 1 Mtr. breit planirt.
Flossenbürg . .	1858	39000	1288	.	.	0,69	0,03	
Krottensee . .	1719	9188	2130	1423	85,38	1,24	0,23	Begangspfade 1 Mtr. breit; zugleich sind hier die Kosten für die Herstellung einer zweiten Terrainkarte inbegriffen.
Loisnitz . . .	512	14593	1009	14590	4576	1,97	0,07	
Plössberg . . .	1748	35000	1153	.	.	0,66	0,03	Nicht inbegriffen die Kosten für Nivelliren.
Pullenried . . .	1484	22236	1949	.	.	1,30	0,09	
Rötz	763	14609	343	13823	2818	0,45	0,02	
Waldmünchen I.	1375	25553	1562	23065	5376	1,14	0,06	
Waldmünchen II.	1689	19004	1290	13226	2645	0,76	0,07	
	11641	182171	11283					
Es treffen sohin von den Gesammtkosten (Spalte 4)						0,97	0,06	

Vielleicht scheint manchem der geehrten Leser vorstehende Beträge der Kosten theils sehr abnorm in den einzelnen Revieren, theils auch sehr bedeutend im Ganzen; es sei deshalb gestattet, hier einige Betrachtungen über vorstehende Tabelle einzuschalten:

Tabelle auch für das Jahr 1877 erweitert mittheilen zu können, da dieselbe sich bis zum Schlusse dieses Jahres jedenfalls mannichfach ändern wird, indem die fraglichen Arbeiten nunmehr in der Oberpfalz nicht nur im grösseren Massstabe durchgeführt werden (im Jahre 1877 wurden 9 Funktionäre beschäftiget, gegen 4 des Vorjahres), sondern auch von Jahr zu Jahr die vermehrte Uebung und Erfahrung der Arbeitenden sich im Kostenpunkt wohlthätig bemerken lassen wird.

Ebenso sind im Jahre 1877 bereits sämmtliche in obiger Tabelle aufgeführten Linien in Begangspfade, theilweise auch in gebaute Wege umgewandelt, wofür jedoch die Kosten-Beträge noch nicht vorliegen.

Die Kosten bestehen in der Hauptsache aus drei Beträgen: Dem Taglohne der verwendeten Arbeiter, dann den Diäten der beschäftigten Funktionäre (3 M. pro Tag ausser dem ganzen Forstgehilfen-Gehalte), und endlich den Verwesungskosten der betreffenden Gehilfenposten. Es wurden nämlich die Funktionäre dem Stande der technisch gebildeten Forstgehilfen entnommen, deren Stellen durch Eleven interimistisch besetzt wurden, von denen jeder 2,20 Mark pro Tag erhielt. Werden diese Arbeiten seiner Zeit so eingerichtet sein, dass sie von noch nicht angestellten jungen Forstleuten durchgeführt werden können, so würde sich hier natürlich durch den Entfall der Verwesungen ein grosser Betrag der Kosten in Abzug bringen lassen.

Die unter den einzelnen Revieren sich zeigende Differenz der auf ein Hectar treffenden Kosten lässt sich wohl leicht erklären, indem dabei theils die grösseren oder geringeren Schwierigkeiten der Barometer-Messungen und Terrainzeichnungen, theils bei manchen Revieren längere Zeit anhaltende besonders ungünstige Witterung einwirkten, und die Höhe derselben auch besonders von der Anzahl der behandelten Fläche abhängt, da stets bei geringer Flächen-Anzahl die Kosten unverhältnissmässig höher sich stellen. (vide Loisnitz.)

Viel mehr Interesse bietet wohl die Repartition der Summen auf einen Meter der projektirten Linien, und hier zeigt sich durchschnittlich eine nur unbedeutende Differenz. Zu erklären ist nur der sich bei den Revieren Krottensee und Eslarn ergebende grosse Unterschied gegen die andern Reviere, obleich auch hier die Erklärung leicht sein dürfte.

Abgesehen von den besonderen Schwierigkeiten, die das Revier Krottensee der Terrainzeichnung geboten (wofür vielleicht Tafel V ein Beispiel vorführt), muss stets im Auge behalten werden, dass hier die ganze Projektirung sich mit der Vervollständigung des bereits bestehenden Netzes begnügen musste, dass also verhältnissmässig sehr wenig Kilometer neue Wege in Vorschlag zu bringen waren, während alle Vorarbeiten, Barometermessungen, Terrainzeichnung etc, dieselben blieben. Während auf allen übrigen Revieren auf ca. 1700 Hectar Fläche zwischen 19,000 und 39,000 Meter projektirte Wege kommen, entfällt dem Reviere Krottensee nur eine Strecke von 9188 Meter, da wohl die doppelte Anzahl an bereits gebauten Wegen vorhanden ist.

Aehnliche Verhältnisse waren bei den Arbeiten auf dem Reviere Eslarn vorhanden, da auch hier nur die Verbindung des folgenden Wegnetzes von Pullenried mit dem Reviere Eslarn angestrebt, desshalb ausser dieser gewünschten Verbindung nur eine geringe Strecke neuer Wege zu projektiren war.

Auffällig erscheint wohl auch noch der besonders geringe Betrag der Kosten bei dem Reviere Rötz. Hier wurden nämlich die Arbeiten im Jahre 1874 unter der speziellen Leitung und Mithilfe des bereits erwähnten damaligen k. Kreisforstmeisters Herrn Plass begonnen, und hatte von den beiden damals verwendeten Funktionären nur der eine einen Diätenbezug, indem der andere, als Gehilfe auf dem Reviere Rötz selbst stationirt, nicht besonders honorirt wurde.

Die übrigen Reviere bleiben alle nur wenig unter, oder über dem Mittel zu 0,06 Mark pro Meter.

Werfen wir nun, ohne Berücksichtigung der durch vorstehende Zeilen vielleicht erklärten abnormen Verhältnisse, einen Blick auf die Gesammtsummen, so wird wohl mancher, der im ersten Augenblicke die Kostenbeträge etwas hoch fand, sich leicht zufrieden stellen. Bedenken wir, dass auf den laufenden Meter eine Erhöhung der einstigen Baukosten von nur 6 Pfennige sich entziffert, so dürfte dieser geringe Betrag wohl allein durch den für alle Zeiten den Revieren bleibenden Vortheil des Vorhandenseins genauer Terrainkarten aufgewogen sein. Wie ganz anders aber werden noch die Verhältnisse, wenn wir im Auge behalten, dass durch diese geringe Mehrung der Baukosten die Garantie geboten ist, dass sämmtliche projektirten Linien ein geschlossenes Netz bilden, dass auch die letzt gebaute Strecke sich einem systematisch angelegten Ganzen anpassen wird! Wie gar viele Kilometer von vor Jahren gebauten Wegen liegen nunmehr ohne Rente, da sie, den damaligen localen Bedürfnissen entsprungen, wohl gut angelegt und gut gebaut, allein einem nunmehr aufgestellten Weg-Netze, das sein Ziel auf die Verkehrsader der Eisenbahnen gerichtet hat, sich nicht einfügen lassen!

Dass diese interessanten Arbeiten auch für die Ausbildung der damit beschäftigten jungen Forstleute von grossem Werthe sein werden, dürfte wohl auch nicht zu übersehen sein.

Schliesslich sei noch gestattet, einen interessanten Vergleich zu ziehen zwischen den Kosten, die bei der in vorstehender Abhandlung angeführten Methode für die Terrainzeichnung, Wegnetzprojektirung etc. erwachsen, mit jenen, die durch eine genauere Aufnahme des Terrains mittelst spezieller Nivellements bedingt sind, wozu ein in der Allgemeinen Forst- und Jagd-Zeitung, April-Heft d. J., erschienener Artikel des Herrn Forstrathes Wimmenauer günstige Gelegenheit bietet.

Wären die in dem erwähnten Aufsatze beschriebenen Arbeiten von Funktionären ausgeführt worden, die einen gleichen Kostenaufwand, wie in der Oberpfalz, erfordert hätten, so würde sich nach der am Schlusse des Aufsatzes angegebenen Zahl der Arbeitstage ein Betrag von ca. 2 Mark 50 Pf. pro Hectar berechnen, während nach obiger Tabelle sich in der Oberpfalz nur 0,97 M. pro Hectar ergibt; wobei bemerkt wird, dass allerdings das Verhältniss nicht ganz sicher aufgestellt werden kann, da z. B. die Zahl der Arbeitstage, die der Forstschütze und dessen Hilfsarbeiter auf die Eintheilung der abgesteckten Nivellementslinien etc. verwendeten, nicht angegeben ist, dass aber bei der Berechnung obigen Betrages eher unter der Wirklichkeit geblieben, als dass sie überschritten wurde.

Wenn wir auch zugeben, dass mit unseren Arbeiten keine Waldeintheilung verbunden war, dieselbe auch nicht Anspruch macht auf die Genauigkeit, die durch die Art und Weise, wie Herr Forstrath Wimmenauer die Terrainaufnahme behandelte, erzielt wird, so dürfte obiger Vergleich doch nicht zu Ungunsten der von uns beobachteten Methode, deren hinlängliche Genauigkeit sich bei dem Nivelliren von 182 Kilometer Wegs bewiesen hat, ausgefallen sein.

Unterschcidet sich auch die in der Oberpfalz bei der Aufstellung der Terrainkarten angenommene Methode besonders von jener, nach welcher das Wegnetz des Lehrforstrevieres Gahrenberg in der kgl. preussischen Provinz Hessen-Nassau durchgeführt wurde, neben dem Unterschiede der Bestimmung der Höhenpunkte hauptsächlich dadurch, dass in Gahrenberg die Schnittpunkte und die Winkel, welche die Horizontalcurven mit den betreffenden Messlinien bilden, in Springständen mit dem Theodoliten gemessen, von uns jedoch nur dem Augenmaasse nach bestimmt wurden, so dürfte doch auch die von uns beibehaltene Methode nicht der Vorwurf der Ungenauigkeit treffen, da sich bei der Uebertragung von der Terrainkarte nach projektirten Wegen auf das Terrain, selbst wenn dieselben wie z. B. der Dreiwappenweg im Reviere Waldmünchen I eine ununterbrochene Länge von ca. 7 Kilometer hatten, nur sehr selten ein störender Fehler bemerkbar machte, man wohl auch zugeben muss, dass neben einfachen Hülfsinstrumenten sich durch Uebung eine ziemliche Fertigkeit im Ansprechen des Gefälles nach Prozenten erwerben lässt, dass ferner der Zeitaufwand (und hiemit die Kosten) dort und hier nicht ohne Bedeutung bleibt, so dass sich eine genauere Messung wohl nur auf einem Lehrreviere durchführen lässt; es ist ferner auch anzunehmen, dass bei der beschwerlichen und mehr

Zeit erfordernden Arbeit mit dem Theodoliten wohl kaum so viele Höhenpunkte, als bei dem erleichterten Messen mit den Aneroiden bestimmt worden sein werden, in Folge dessen auch nicht so viele Anhaltspunkte gegeben waren; da endlich in Gahrenberg die einzelnen Horizontalcurven einen verticalen Höhenunterschied von 10 m, bei uns jedoch nur 5 m. (nur bei den älteren, bis zum Jahre 1875 durchgeführten Aufnahmen 4,38 m., welche Zahl von der Umwandlung der früheren Abstände von 15 b. Fuss herrührt) bezeichnen, so dürfte, selbst wenn ein Fehler im Verzeichnen der Curven gemacht worden sein sollte, auf den von uns gefertigten Terrainkarten sich doch nie die Tragweite ergeben, als auf dem oben erwähnten Lehrforstreviere.

Zum Schlusse glaubt man im Interesse von Manchem, der vielleicht einen Versuch der Terrainaufnahme mit Hilfe barometrischer Höhenmessungen machen wird, einige von uns beobachtete Erfahrungen nicht übergehen zu dürfen.

Nach Beobachtung aller über die Höhenmessungen mit Aneroiden angegebenen Vorsichtsmaassregeln, als Schutz des Barometers vor direkten Sonnenstrahlen (Sonnenschirm!), horizontaler Aufstellung und vorheriges leichtes Beklopfen des Glasverschlusses, berücksichtige man hauptsächlich die Witterungs- und Temperatur-Verhältnisse. Wir haben beobachtet, dass die Messungen bei einer Temperatur im Schatten von mehr als + 28° Cels. schon ziemlich unsicher wurden; am nachtheiligsten ist starker Wind, auch Nebel, vor allem Gewitter. Oft waren Messungen von mehreren Tagen zu unsicher, um sie verwerthen zu können, da fortwährende Gewitter die Luft in zu grosse Schwankungen versetzten; ein genauer Beobachter des Instrumentes wird oft dadurch aufmerksam gemacht, dass die Nadel des Barometers beim leisen Beklopfen des Glasdeckels in fortwährende Schwankungen gerathen wird, bald rechts, bald links sich bewegt, und erst nach erneuter leichter Erschütterung zur Ruhe kommt; an solchen Tagen unterlasse man alle Barometermessungen, und vermeide besonders auch barometrische Höhenmessungen zur Zeit der Aequinoctialstürme; am vortheilhaftesten wären wohl die Messungen in den letzten Tagen des April, dann im Oktober vorzunehmen, während in den heissen, gewitterreichen Tagen des Sommers sich mit Terrainzeichnen zu beschäftigen wäre.

Von verschiedenen Seiten wird das Ablesen am Barometer mit Hilfe einer Loupe empfohlen; es hat sich bei uns die Ueberzeugung gebildet, dass mit freiem Auge wohl sicherer abzulesen ist, wenn man, einige Uebung vorausgesetzt, nur das Auge vertical über die Spitze der Nadel zu halten sich gewöhnt hat.

Alle Messungen jener Höhenpunkte, welche die Anhaltspunkte zur Construktion der Horizontalcurven bilden sollen, müssen controlirt werden; doch nimmt man zur grösseren Sicherheit diese Controle an verschiedenen Tagen vor (wie bereits oben erwähnt), da oft die Luft so eigenthümlich bewegt ist, dass alle an einem und demselben Tage vorgenommenen Messungen unsicher waren.

Grosse Unterschiede in der Differenz der Barometer vor und nach der Messung (wenn dieselbe überhaupt noch anzunehmen ist) behandelt man am zweckmässigsten in der Art, dass man zur Bestimmung der in den ersten und letzten Stunden gemessenen Punkte die Differenz vor resp. nach der Messung verwendet, und die während der dazwischen liegenden Zeit bestimmten Höhen mit dem arithmetischen Mittel der beiden Differenzen berechnet.

Wo es nur immer möglich, bestimme man bei der Terrainzeichnung die Lage einzelner Bergkuppen und Felsköpfe etc. durch Einvisiren und Vorwärtsabschneiden mit einem Winkelinstrumente, da oft das Einmessen mit dem Messbande oder der Kette, besonders in zerklüftetem und steilem Terrain, selbst mit Beobachtung aller Vorsichtsmaassregeln, nicht so sicher wird.

Zweiter Abschnitt.

Die Barometermetermessungen und das Terrainzeichnen des Districtes Stück vom Reviere Eslarn, Forstamt Vohenstrauss.

Der Distrikt Stück (Tafel II) des k. Forstreviers Eslarn, Forstamts Vohenstrauss, 493 Hectar gross, bildet einen aus Gneis und Granit bestehenden Kegel, der auf der Nord-, der Ost- und Westseite ziemlich regelmässig abfällt, während er auf der Süd-Seite allmählig in ein Plateau ausläuft, dessen westlichen Abhang der Distrikt Greiner des k. Forstrevieres Pullenried bildet (Tafel III), und mit welchem der District Stück auf eine kurze Strecke zusammenhängt.

Sei uns nun die Aufgabe gegeben, behufs einer Verbindung der beiden Reviere Eslarn und Pullenried vom Distr. Stück genaue, zum Projektiren von Wegnetzen taugliche Terrainkarten herzustellen, und die nothwendigen Höhenpunkte mit Aneroiden (Barom. holost.) zu bestimmen, so wird, vorausgesetzt, dass der genannte Distrikt uns noch völlig unbekannt ist, vorerst eine Haupt-Orientirung nothwendig sein, die durch fleissiges Begehen der Abtheilungen, und hauptsächlich durch Ersteigung des Gipfels (Barometerpunkt 55) am leichtesten gewonnen werden kann. Da von diesem Gipfel des Berges, als einem der höchsten Punkte der Gegend, uns zugleich die trigonometrisch ermittelte Meereshöhe bekannt ist, so sind wir also auch über die ungefähre Meereshöhe des ganzen Complexes unterrichtet. Man wird bemerken, dass es sehr vortheilhaft wäre, wenn wir das Standbarometer, mittelst dessen Beobachtung wir zu jeder Minute des Tages über den allgemeinen, herrschenden Barometerstand bekannt gemacht werden, möglichst an der tiefsten Stelle anbringen könnten, wodurch wir lauter positive Höhenbestimmungen erhalten, und dadurch leichter das ganze Bild des Berges, ich möchte sagen, aufbauen würden. Sehr günstige Gelegenheit hiezu bietet das auf der Nord-Seite des ganzen Distriktes an der Abtheilung 1 „Mittelhut" gelegene Wohnhaus eines Waldaufsehers, woselbst im geschützten Zimmer nicht allein die Beobachtung des Barometers mit aller Sicherheit vorgenommen, sondern auch etwaige schriftliche Arbeiten leicht bethätiget werden können, und wird also dieses Haus als Barometerpunkt (B. P.) 1 zum Ort des Standbarometers bestimmt.

Hier werden nun beide Barometer, aus ihren Etuis genommen, aufgestellt, und nach Verlauf von 10—15 Minuten, während welcher Zeit die Instrumente allmählig die Temperatur des Ortes angenommen haben werden, Ablesungen gemacht, die wir zum Bestimmen der zwischen den beiden Barometern bestehenden Differenz nöthig haben.

Bezeichnen wir mit A die Ablesung am Scalablatt des Standbarometers, mit T die im Innern desselben, durch das dort angebrachte Thermometer zu erkennende, herrschende Temperatur, und mit t die Temperatur der äusseren Luft, und nehmen wir mit A', T' u. t' die analogen Bezeichnungen am Feldbarometer (Bar. II) vor, so sind zunächst sämmtliche Ablesungen am Scalablatt der Instrumente auf 0^0 der Temperatur zu reduziren, die wir dadurch erhalten, dass wir in den den einzelnen Barometern beigegebenen Correctionstabellen die auf die bestimmten Temperaturgrade treffende Reduktionszahl (ω) aufsuchen, und von den Ablesungen subtrahiren.

Haben wir z. B. bei Barom. I (Standbarometer) gefunden:

A = 715,70 Scalamillimeter, T = $18{,}4^0$ Cels.;

und analog bei Barom. II (Feldbarometer)

A' = 716,40 Scalamillimeter, T' = $18{,}4^0$ Cels.;

so findet man auf der dem Barom. I beigegebenen Correctionstabelle: Auf $18{,}4^0$ Cels. kommt die Reduktionszahl (ω) 2,40, also

$$A = 715{,}70;$$
$$-\quad 2{,}40$$

$A\omega$ (d. h. die auf 0^0 der Temperatur reduzirte Angabe des Barometers) $= 713{,}30$ mm.;

und auf der Correctionstafel des Bar. II: Für $18{,}4^0$ Cels. kommen 2,85 mm. in Abzug, also

$$A' = 716{,}40$$
$$-\quad 2{,}85$$
$$A\omega' = 713{,}55 \text{ mm.}$$

Durch Vergleichung der beiden Angaben $A\omega = 713{,}30$ mm. und

$A\omega' = 713{,}55$ mm. finden wir, dass zwischen beiden Barometern eine ständige Differenz (δ) von 0,25 mm. herrscht, oder, dass Bar. II an einem und demselben Orte stets 0,25 mm. m e h r zeigt, als Bar. I.

Nachdem diese Differenz v o r der Messung genau notirt, und die Uhren übereinstimmend gerichtet sind, begibt sich der mit dem Feldbarometer Arbeitende (A) in Begleitung eines Führers in das Revier, während der das Standbarometer beobachtende Genosse (B) alle 10 Minuten die Ablesungen A, T u. t macht, und in den dafür geeigneten Tabellen mit Angabe der Zeit einträgt; also z. B.

6 Uhr $\quad = A = 715{,}70 \quad\quad T = 18{,}4 \quad\quad t = 18{,}0;$

6 „ 10 M. $= A = 715{,}60 \quad\quad T = 18{,}5 \quad\quad t = 18{,}3$ etc. etc.

Während dieser Zeit ist A an jener Abtheilung angelangt, die als Objekt für den Tag vorgesehen ist. Wählen wir auf Tafel II die Abth. 9 „Hesselmühlschlag“, da diese Abtheilung als ein gleichmässiger Abhang angesehen werden darf, und doch auch wieder die nothwendigen Terrainverschiedenheiten vor Augen führt.

Am Anfang der Abtheilung, Grenzstein No. 307, angekommen, stellt A das Barometer auf[1]), schützt dasselbe vor Sonnenstrahlen, ebenso wie die beiden Thermometer, beklopft nach einigen Minuten den Glasdeckel desselben leicht mit dem Bleistifte (es geschieht dies, um sich zu vergewissern, dass auch der Zeiger sich nicht mehr bewegt, und um die etwa noch nicht ganz eingetretene Spannung des Kettchens g zu bewirken) und macht seine Ablesungen A' T' und t', trägt diese in die vorher eingerichtete Tabelle, •notirt die Zeit und den Ort, ebenso wie

---

[1]) In dem letzten Jahre (1876) benutzten wir ein einfaches Stativ, das aus einem eisenbeschlagenen, 1 Meter hohen Stocke bestand, der oben eine mit Rand versehene, tellerartige Scheibe trug, auf der das Barometer aufgestellt wurde. Es ist dieses einfache Stativ aus mehreren Gründen zu empfehlen; man sieht leicht ein, wie beschwerlich es ist, das auf seinem Etuis auf dem Boden stehende Barometer abzulesen, wie unangenehm dieses Knieen bei Nässe, schmutzigem Boden etc. werden kann, und wie bequem sich diese Ablesung in einer Höhe von 1 Meter über dem Boden macht; jedoch auch sicherer werden diese Ablesungen; denn oft wurde bemerkt, dass, wenn man z. B. aus einem geschlossenen, schattigen Bestande kommend, das Instrument auf einem von der Sonne seit mehreren Stunden beschienenen Felsblocke aufzustellen hatte, dasselbe in direkter Berührung mit den glühend heissen Steinen eine weit höhere Temperatur annahm, als es der Luft nach hätte haben sollen, wodurch natürlich die Messung unsicher, theilweise gar nicht brauchbar wurde; diesem Nachtheil ist durch das ·einfache Stativ vorgebeugt; es ist natürlich leicht einzusehen, dass in diesem Falle die Tabellen eine weitere Spalte haben müssen, in welcher die Höhe des Stativs berücksichtigt ist; es muss nämlich bei Höhen ü b e r dem Standbarometer die Stativhöhe (1 Meter) abgezogen, bei Höhen u n t e r dem Standbarometer 1 Meter addirt werden, um die wirkliche Höhenlage des Terrains über oder unter dem Orte des Standbarometers zu erhalten.

unter „Bemerkungen" etwaige Erscheinungen, die von Einfluss auf seine Messungen sein könnten. Seine Tabellen werden also ungefähr folgende Form erhalten:

No. des Punktes.	Nähere Bezeichnung.	Zeit.	A′	T′	v	Bemerkungen.
11	Grenzstein 307 an der Grenze zwischen Abth. 9 u. 8.	10 Uhr 5 Min.	707,85	17,3	15,0	Leicht bewegte Luft.

Hierauf muss er, der Grenze entlang gehend, eine Anhöhe ersteigen, und findet, dass bei Markstein 305 das Terrain eine Strecke weit flach wird, und dann die Grenze wieder fällt; er macht deshalb als Barometerpunkt (B.P.) **12** bei Markstein 305 seine Ablesungen und seine Einträge in die Tabellen, ebenso bei Markstein 300, als dem Punkte, von wo aus die Grenze wieder steigt. So gelangt er, indem er an den Terrainwechselpunkten **17**, **18**, **19**, **20**, und **21** seine Barometerpunkte bestimmt, an die Grenze der Abtheilung 9 „Hesselmühlschlag" und 10 „Oberhöferhut", die sich nun, dem Bache entlang auf B. P. **31** zu, Marktstein 240, hinzieht. Zwischen **21** und **31** ist kein weiterer Punkt nothwendig, da das Bächlein in seinem ruhigen Laufe den gleichmässigen Verlauf des Terrains kennzeichnet. Von **31** aus wird dann die Staatswald- und Abtheilungsgrenze weiter verfolgt, und so der im Anfange steile, dann flacher werdende Hang erstiegen. Da am Grenzstein 232 ungefähr die Stelle anzunehmen ist, wo die grösste Steigung vorüber ist, und die Grenze weniger steil zu werden beginnt, wird hier das Barometer aufgestellt, und die Spalten der Tabelle ausgefüllt. Noch ist zu bemerken, dass auch die Barometerpunkte in der Weise auf dem Terrain bestimmt werden, dass vom begleitenden Arbeiter der nächst stehende Baum leicht angehauen (nöthigenfalls ein Pflock eingeschlagen) und die Nummer des Barometerpunktes angeschrieben wird, um bei der demnächst vorzunehmenden Controle, sowie beim Terrainzeichnen, den betreffenden Punkt leicht wieder zu finden. Bei Grenzstein 222, der Ausmündung der Staatswaldgrenze auf die Reviergrenze zwischen Eslarn und Pullenried, befindet sich der bei den Messungen im Distrikt Greiner bestimmte B.P. **6a**, und zwischen **6a** und **32** wird noch Punkt **33** barometrisch aufgenommen, obwohl derselbe nicht unbedingt nothwendig wäre, da das Terrain zwischen den beiden genannten B. P. ganz gleichmässig verläuft; allein es geschieht dies zur Erleichterung beim späteren Curvenconstruiren, um auf der langen Grenzlinie von Markstein 232 bis 222 einen Anhaltspunkt zu haben. Von **6a** der Reviergrenze folgend gelangt man nach **7a**, dem Ausgange der Abtheilungslinie zwischen „Hesselmühlschlag“ und „Stückstein“ auf die Reviergrenze, und da dieser B. P. ebenfalls vom Revier Pullenried bestimmt ist, bedarf es keines weiteren Aufenthaltes. Am Kreuzungspunkt der Abtheilungslinien zwischen Abth. 9, 7 und 6 ersteigen wir den höchsten Punkt der Abtheilung „Hesselmühlschlag“, stellen hier das Barometer auf, und machen die erforderlichen Ablesungen, über Felsstücke und Geröllsteine, auf ziemlich steilem Terrain, geht es nun die Abtheilungslinie zwischen 9 und 7 abwärts; im Punkt **35** bestimmen wir einen Barometerpunkt, da von hier aus das Terrain flacher zu werden beginnt. So wird noch zur Erleichterung B. P. **36** u. **40** gemessen (am Waldeintheilungsstein, fixer Punkt 1), von wo aus die Abtheilungsgrenze nun dem Bächlein zwischen Abth. 9 und 7, dann 9 u. 8 folgt; auch das Ende der Abtheilungslinie zwischen 8 u. 7 auf 9 wird als Barometerpunkt **41** bestimmt, während die Grenze von **41** nach **11** ohne Zwischenpunkte bleibt, da das Terrain gleichmässig abfällt.

So wären nun sämmtliche auf der Umfassungsgrenze der Abtheilung „Hesselmühlschlag“ nothwendigen Höhenpunkte bestimmt, und es erübrigt nur noch die Untersuchung, ob die Terrainverhältnisse auch im Innern der Abtheilung barometrische Messungen erfordern. Nach einer genauen Orientirung finden wir, dass nur noch Punkt **37**, **38** und **39** als Barometerpunkte wünschenswerth erscheinen, der erstere als Mittelpunkt der dort befindlichen flachen Stelle, und die letzteren als Orientirungspunkte für den dort sich bildenden Rückenzug.

Es ist nun wohl zuzugeben, dass zur Beurtheilung, an welcher Stelle ein Punkt barometrisch bestimmt werden muss, neben einer nothwendigen Ortskenntniss (wozu auf einem fremden Reviere ein tüchtiger Führer erforderlich ist)[1]) ein gewisser „praktischer Blick“ gehört, der sich leicht erringen lässt, und gewiss vorhanden ist, wenn einmal die Höhenpunkte von einigen Hundert Hectaren barometrisch gemessen sind.

Ist nun die für den Tag bestimmte Zeit verflossen, und die vorgenommene Arbeit vollendet, so werden nach der Zurückkunft an den

---

[1]) Auf dem Reviere Eslarn, wo die Arbeiten im Herbste 1876 vorgenommen wurden, war dieser Führer entbehrlich, da Verfasser dieses auf dem genannten Reviere als Forstgehilfe mehrere Jahre verlebte.

Ort des Standbarometers beide Instrumente abermals verglichen, um sich zu überzeugen, dass während des Tages am Feldbarometer durch die nicht abzuwendenden Stösse beim Transport etc. nicht eine Störung eingetreten ist, die von Einfluss auf die Sicherheit der Höhenbestimmung sein kann. Diese Differenzbestimmung soll jedoch erst nach Verlauf von wenigstens ½—1 Stunde vorgenommen werden, bis man versichert ist, dass auch das Feldbarometer wieder die Temperatur des betreffenden Ortes angenommen hat, da dasselbe fast immer eine vom Standbarometer abweichende Temperatur mit nach Hause bringen wird; oft ist jene am Instrumente I im geschützten Zimmer um mehrere Grade verschieden von derjenigen, die das Feldbarometer auf seiner Wanderung angenommen hat.

Es ergibt sich nun vielleicht bei der Vergleichung:

$A = 715{,}00$ mm. $T = 20{,}0^0$

$A' = 715{,}66$ mm. $T' = 20{,}2^0$, wonach sich aus der Correktionstafel des Barom. I für $20{,}0^0$ die Reduktionszahl (ω) 2,54, für Barom. II für $20{,}2^0$ (ω') 2,93 ergibt; also

$$A = 715{,}00 \qquad\qquad A' = 715{,}66$$
$$-\quad 2{,}54 \qquad \text{und} \qquad -\quad 2{,}93$$
$$A\omega = 712{,}46 \text{ mm.} \qquad\qquad A\omega' = 712{,}73 \text{ mm.,}$$

und also als Differenz nach der Messung (δ') = 712,73—712,46 = 0,27 mm.

Es ist hier aber genau zu beobachten, ob auch immer ein und dasselbe Barometer die + Differenz zeigt, d. h. ob immer dasselbe Instrument an einem und demselben Orte mehr oder weniger, als das andere angibt; in unserm Beispiele ist dies der Fall, und wir sehen, dass beide Barometer sich in ihrer ursprünglichen Differenz fast nicht geändert haben, indem die Differenz vor der Messung ergab, dass Bar. II 0,25 mm., nach der Messung 0,27 mm. voraus war; es ist also hier die Tagesdifferenz ($\varDelta$) = 0,26 mm. anzunehmen. Sollte diese zweite Differenz von der ersteren zu sehr abweichen, insbesondere ein anderes Instrument am Abend die + Differenz zeigen, ohne dass der Grund hievon durch besondere Verhältnisse sich erklären liesse, so wäre freilich unter Umständen die Messung zu wiederholen. Am obigen Beispiele bemerken wir aber auch zugleich, dass der Barometerstand im Allgemeinen während des Tages ein geringerer geworden ist, indem das Standbarometer am Morgen 713,30 mm. zeigt (auf 0^0 reduzirt) und am Abend nur noch 712,46 mm. ergab.

Am folgenden Tage sind nun die Tags vorher aufgenommenen

Punkte (die ausser dem Eintrage in den Tabellen durch den Führer vor-
gezeigt worden) zu controliren, um sich die Ueberzeugung zu verschaffen,
dass kein Ablesefehler gemacht, oder sonst ein Punkt unrichtig bestimmt
worden sei, und begibt sich desshalb B in das Revier, misst die Punkte
nach, und bestimmt, da diese Controle natürlich weniger Zeit erfordert,
neue, etwa von der Abtheilung 10 „Oberhöferhut“, während A das
Standbarometer beobachtet, und zugleich seine aufgenommenen Höhen
berechnet.

Gesetzt, A habe bei der ersten Aufnahme im Punkt **34** gefunden:

10 Uhr 5 Min. Vormittags $A' = 705{,}08$; $T' = 17{,}5^0$; $t' = 17{,}6^0$,
so sucht er in den Standbarometer-Aufzeichnungen zuerst, welche Angabe dieses um die angegebene Zeit gemacht habe, und findet:

10 Uhr 5 Min. Vormittags $A = 720{,}80$; $T = 16{,}0$; $t = 16{,}2^0$;
dann sind beide Angaben nach der Correktionstabelle für die betreffenden Temperaturgrade im Instrumente zu berichtigen; und wir
erhalten:

$$T' = 17{,}5^0 \text{ nach der Tabelle des Bar. II } 2{,}81, \text{ also}$$

$$
\begin{aligned}
A' =&\ 705{,}08 \\
-&\ \ \ \ 2{,}81 \\
\hline
A\omega' =&\ 702{,}27 \text{ mm.;}
\end{aligned}
$$

und für $T = 16{,}0^0$ in der Tabelle des Bar. I $\omega = 2{,}18$; also

$$
\begin{aligned}
A =&\ 720{,}80 \\
-&\ \ \ \ 2{,}18 \\
\hline
A\omega =&\ 718{,}62 \text{ mm.}
\end{aligned}
$$

Wir wissen nun aber auch, dass Bar. II stets **mehr** zeigt, als
Bar. I, und da beide Barometer in ihren Angaben gleich gestellt werden
müssen, reduzirt man stets das Feldbarometer auf die Angabe des Standbarometers, d. h. wir müssen in diesem Falle die Tagesdifferenz ($\varDelta$)
mit 0,26 mm. subtrahiren, und erhalten

$$A\omega' - \varDelta = 702{,}01 \text{ mm.}$$

Mit Hilfe der barometrischen Höhenmessformel können wir nun die
relative Höhe der beiden Punkte **1** und **34** bestimmen.

Es ist nämlich
$$H = K \cdot \log \frac{A\omega}{A\omega'} \left(1 + \frac{t + t'}{500}\right), \text{ oder}$$

$$H = K \cdot (\log A\omega - \log A\omega') \left(1 + \frac{t + t'}{500}\right)$$

wobei K ein bestimmter Zahlen-Coefficient, und, wenn wir H in Metern
wollen $= 18382$ m. ist, während $A\omega$ die auf 0^0 reduzirte Angabe des
Barometers am **unteren**, $A\omega'$ die am **oberen** Stationspunkte bezeichnet,

und t u. t', wie bereits bemerkt, die Temperaturen der beiden Punkte in Celsius-Graden angeben.

$$A\omega = 718{,}62 \text{ mm.; daher log } A\omega = 2{,}8564993 \text{ und}$$
$$A\omega' = 702{,}01 \text{ mm.; } \text{„ } \log A\omega' = \underline{2{,}8463433}, \text{ daher}$$
$$\log A\omega - \log A\omega' = 0{,}0101560, \text{ und}$$
$$K (\log A\omega - \log A\omega') = 18382 \times 0{,}0101560 = 186{,}69 \text{ m.}$$
$$\left(1 + \frac{t + t'}{500}\right) = 1 + \frac{16{,}2 + 17{,}6}{500} = 1 + 0{,}0676; \text{ daher}$$
$$186{,}69 \times 1{,}068 = \mathbf{199{,}38} \text{ m.}$$

Es liegt sonach Punkt **34** um 199,38 m. höher, als der Ort des Standbarometers. Wenn nun auch die Ausrechnung der Höhenmessformel nicht mit Schwierigkeiten verknüpft ist, so sind doch verschiedene Tafeln construirt, mit deren Hilfe wir dieser Ausrechnung enthoben sind, und die auf die betreffenden Barometer-Angaben treffenden Höhen in denselben direkt aufschlagen können.

Zu dem Zwecke denken wir uns, dass die untere Station für alle zu bestimmenden Punkte dieselbe sei, und zwar nehmen wir als solche jenen wechselnden Horizont an, wo der auf 0^0 reduzirte Barometerstand $= 762$ mm. ist, der also o. p. den Meereshorizont darstellt. Im Anhange des Büchleins ist eine dem oben erwähnten Werke von Höltschl entnommene Tabelle beigegeben, welche das Aufschlagen des ersten Theils der obigen Formel K (log $A\omega$—log $A\omega'$) ermöglicht, wenn $A\omega = 762$ mm. ist, während Tabelle II den Correctionsfactor wegen der Temperatur der Luft angibt.

Wir bestimmen nun in unserm Beispiele für Barometerpunkt **1** und **34** je die treffende Höhe über der See (wenn wir nach obiger Erklärung der Kürze wegen diesen Ausdruck gebrauchen dürfen), vergleichen dann dieselben unter einander, und erhalten die relativen Höhen der beiden Punkte, der wir dann noch den auf die Temperatur $t + t'$ treffenden Zuschlag beizugeben haben, um die wirkliche relative Höhe H zu erhalten.

$$A\omega = 718{,}62 \text{ mm.; auf Tabelle 1 finden wir für}$$
$$718 \text{ mm.} = 474{,}80 \text{ m.;}$$

und in der Seitentabelle in der Rubrik, welche mit der zwischen 718 und 719 mm. bestehenden Differenz 11,1 überschrieben ist $=$

$$0{,}60 \text{ mm.} = 6{,}66 \text{ m.; und}$$
$$\underline{0{,}02 \text{ mm.} = 0{,}22 \text{ m.;}} \text{ daher für}$$
$$0{,}62 \text{ mm.} = 6{,}88 \text{ m.,}$$

welche Zahl von 474,80 m. zu subtrahiren ist, da mit der Zunahme der Barometer-Angaben die Höhen abnehmen; wir erhalten also

h (Seehöhe vom Standbarometer) $= 474,80 - 6,88 = 467,92$ m.

Dieselbe Berechnung nehmen wir mit der auf 0^0 reduzirten Angabe des Feldbarometers vor, und finden für $A\omega' = 702,01$ mm., nach Tabelle 1:

702 mm. $= 654,80$ m.; und in der Seitentabelle für

0,1 mm. $= 1,14$; daher für

0,01 mm. $= 0,11$ m.; welche Zahl von 654,80 m. subtrahirt uns gibt

h' (Seehöhe des Feldbarometers, Punkt **34**) $= 654,69$ m.

Es liegt also Punkt **1** $= 467,92$ m., Punkt **34** $= 654,69$ m. über jenem Horizonte, wo $A\omega = 762$ mm. ist; und wir finden

H (d. h. die relative Höhe zwischen P. **34** u. **1**, oder h' — h)
$$= + 186,77 \text{ m.}$$

In unserm Beispiele $t + t' = 33,8^0 = 34^0$; daher finden wir als Correctionsfactor in Tabelle 2 für $+ \dfrac{34^0}{500} = 0,068$, also $+ 186,77 \times 1,068 =$

$$+ 199,47 \text{ m.} = \mathbf{H.}$$

Es lässt sich, wie man sieht, diese Rechnung leicht und schnell durchführen (bei einiger Uebung ist die relative Höhe eines Punktes in 3 Minuten berechnet), und wir erhalten dasselbe Resultat, als hätten wir die Höhe nach der barometrischen Höhenmessformel bestimmt, da in dem vorliegenden Beispiele die kleine Differenz von 0,09 m. sich wohl leicht aus der Zahl der Dezimalstellen erklären lässt, und aus dem Umstande, dass der Berechnung der vorgeführten Tabellen eine etwas andere Formel zu Grunde lag.

In einer Tabelle werden nun sämmtliche seitherige Rechnungs-Resultate zusammengestellt, und für jeden Punkt 2 Zeilen vorgesehen, um auch das Ergebniss der Controle eintragen zu können. Wenn beide Rechnungen, die der ersten Aufnahme und der Controle, bis auf eine kleine Differenz übereinstimmen (eine Differenz von 1,5 m., ja bei minder wichtigen Punkten bis 2 m. haben wir noch als giltig angenommen), so gibt das arithmetische Mittel die wirkliche Höhe des betreffenden Punktes (mit etwaiger Rücksichtnahme der Stativ-Höhe); sollte sich eine nicht annehmbare Differenz ergeben, so ist der betreffende Punkt nochmals zu bestimmen, wenn man nicht Grund hat, zu glauben, dass gerade eine von den beiden Messungen die richtige sei (etwa weil sämmtliche an diesem Tage gemachten Bestimmungen sich als zutreffend erwiesen haben).

Dieser Tabelle gaben wir folgende Form:

Standbarometer.					Δ	Punkt No.	Feldbarometer.							
A	T	t	$A\omega$	h			A$'$	T$'$	t'	$A\omega'$	$A\omega'$ $\pm \Delta$	h$'$	$\mathfrak{H} =$ h$'$ $-$ h	$H =$ $\mathfrak{H} \times 1 + \dfrac{t + t'}{500}$
720,80	16,0	16,2	718,62	467,92	0,26	**34**	705,08	17,5	17,6	702,27	702,01	654,69	$+186,77$	$+ 199,47$
.	.	.	.	.	.	.	Controle.	.	.	.	.	.	.	.

Nachdem alle nothwendigen Terrainpunkte des Distriktes Stück barometrisch gemessen, und diese Ergebnisse durch die Controle als richtig anerkannt, eventuell verbessert waren, wurde noch die absolute Meereshöhe des Standbarometers bestimmt.

Da die zunächst gelegene Eisenbahnstation Pfreimt zu weit entlegen war, um die barometrische Messung direkt vorzunehmen, so wurden mehrere Zwischenstationen dadurch angenommen, dass zuerst das Standbarometer in Pfreimt blieb, und das Feldbarometer den Markt Tännesberg bestimmte, ersteres dann hierher rückte, und letzteres die Höhe von Pullenried (Tafel IV) suchte, zum Schlusse das Standbarometer in Pullenried blieb, und das Feldbarometer die Höhe von Hs No. 255, der Wohnung des Waldaufsehers ergab. Es entzifferte sich nun folgendes Resultat:

Pfreimt über dem adriatischen Meer . . . . 367,74 m.

Taennesberg über Pfreimt . . . . 245,29 m.

Pullenried über Taennesberg . . . . 11,09 m.

Barometerpunkt 1 des Distr. Stück unter Pullenried . . 82,88 m.;

daher Standbarometer des Distriktes Stück über dem adriatischen Meer = **541,24 m.** Nach diesem letzten Ergebnisse hatte man sämmtliches Material in der Hand zu umstehender Tabelle über alle barometrisch gemessenen Punkte:

Umstehende Tabelle gibt die nöthigen Anhaltspunkte zum Construiren der Horizontalcurven, welche Construktion wir auf Tafel II an der Abtheilung 9 „Hesselmühlschlag“ genauer verfolgen wollen.

Mit Nivellirinstrument, Winkeltrommel, Messband oder Messkette, Zirkel und Maassstab ausgerüstet, und die betreffende Abtheilung mit ihrer nächsten Umgebung als Copie auf der Pauschleinwand in der Mappe, beginnen wir am B. P. 11 die Construction der Horizontalen.

Punkt No.	Nähere Bezeichnung.	Relative Höhe über / unter dem Punkt 1.	Absolute Meereshöhe.	Anzahl der Curven über / unter Punkt 1.	Bemerkungen.
		Meter	Meter		
1	*Wohnung des Waldaufsehers, Hs.-No. 255.*	.	*541,24*	.	Zimmer zu ebener Erde.
2	Markstein 336 an XVIII. 1	— 4,65	536,59	— 0,9	
etc.	etc.	etc.	etc.	etc.	
11	Ende der Abtheilungslinie zwischen XVIII. 8. 9. auf die Staatswaldgrenze	+ 25,20	566,44	+ 5,0	
12	Markstein 305 an XVIII. 9.	+ 31,92	573,16	+ 6,3	
16	- 300 - - -	+ 14,76	556,00	+ 3,0	
17	- 298 - - -	+ 18,84	560,08	+ 3,8	
18	- 295 - - -	+ 17,15	558,39	+ 3,4	
19	- 282 - - -	+ 48,61	589,85	+ 9,7	
20	- 279 - - -	+ 32,80	574,04	+ 6,6	
21	- 275 - - 10. u. 9. . .	+ 18,85	560,09	+ 3,8	
31	Ende der Abth.-Linie XVIII. 9. 10. auf die Staatswaldgrenze, M.-Stein 240 .	+ 31,22	572,46	+ 6,2	
32	Markstein 232 an XVIII. 9.	+ 82,54	623,78	+16,5	
33	- 225 - - -	+143,00	684,24	+28,6	
6$\underline{\underline{a}}$	- 222 an der Reviergrenze .	+163,25	704,49	+32,7	Vom Revier Pullenried gemessen.
7$\underline{\underline{a}}$	Ende der Abtheilungslinie XVIII. 6. 9. auf der Reviergrenze	+184,72	725,96	+36,9	Desgl.
34	Fix-Punkt 10, Kreuzung der Abtheilungslinie 9. 7. 6.	+199,50	740,74	+39,9	
35	Unter dem Steingeröll auf der Abtheilungslinie XVIII. 7. 9.	+156,78	698,02	+31,4	
36	Kreuzung des sogen. Lackenweges mit der Abtheilungslinie XVIII. 9. 7. . .	+100,60	641,84	+20,1	
37	Mittelpunkt der ebenen Stelle an der sogenannten Lacke	+ 97,32	638,56	+19,5	
38	Rücken in XVIII. 9.	+100,25	641,49	+20,1	
39	Ende dieses Rückens	+ 75,70	616,94	+15,1	
40	Fix-Punkt 1 an XVIII. 7. 9.	+ 86,59	627,83	+17,3	
41	Ende der Abth.-Linie XVIII. 7. 8. auf die Abth.-Linie XVIII. 7. 9. . . .	+ 63,25	604,49	+12,7	
55	Höchster Punkt von XVIII.	+277,10	818,34	+55,4	

Nach der Tabelle liegt B. P. 11 um 5 Horizontalcurven über Punkt 1;
es kommt in diesem Falle also Curve 5 durch den Punkt 11, die flache
Wiese links von uns (den Staatswald vor uns gerechnet), und rechts
der steile Hügel gibt uns den Schnitt der Horizontale, die also links fast
parallel mit der Staatswaldgrenze, rechts aber im spitzen Winkel am
Hügel sich hinzieht. Wir verfolgen die Grenze, müssen den steilen
Hügel ersteigen, bei dem nach unserer Schätzung die Steigung wenigstens
15—16 pCt. beträgt; wir erhalten also nach einer Länge von ca. 30. m.
d. h. bei dem Grenzstein 306 abermals den Schnittpunkt einer Horizontalen, deren Verlauf wir, soweit wir dieselbe mit dem Blicke verfolgen
können, auf der Karte verzeichnen. Punkt 12 liegt 6,3 Curven über
B. P. 1, daher ist ausser dieser 6. Curve bis Markstein 305 keine weitere
Horizontale einzuzeichnen, indem die übrige Steigung von 0,3 Curvenabstände, = 1,5 m., bis P. 12 dadurch bezeichnet wird, dass die 7. Curve
links in der Abtheilung oberhalb des P. 12 sich vorüberzieht. Von 12 an
fällt die Grenze, und zwar wissen wir, dass P. 16 nur 3 Curven über
P. 1 liegt, daher zeichnen wir dem Augenmaasse nach in der nothwendigen horizontalen Entfernung die 6. Curve wieder durch die Grenze
(wir sind also dann vom P. 12 aus wieder um 1,5 m. gefallen), hierauf
die 5., die 4. und zuletzt durch P. 16 die dritte Horizontale; da die
Grenze von Markstein 302 nach 300 immer mehr fällt, rücken auch die
Horizontalen No. 5, 4, 3 näher an einander. Von P. 16 nach 17 steigt
die Grenze wieder, und die Tabelle zeigt, dass P. 17 = 3,8 Curven über
P. 1 liegt, daher wird die 4. Horizontale direkt oberhalb des P. 17 sich
hinziehen, und durch Verbindung mit der 4. Curve bei Markstein 301
erhalten wir die kleine Steigung bei P. 17 ausgedrückt, Punkt 18 liegt
3,4 Curven über P. 1, also etwas tiefer, wie P. 17, und diesen geringen
Unterschied zeigen wir dadurch an, dass die 4. Horinzontale in grösserer
horizontaler Entfernung von P. 18 als von P. 17 gezogen wird; Punkt 19
liegt 9,7 Curven über dem Standbarometer, daher wird zwischen P. 18
und 19 die 4., 5., 6., 7., 8., (die letztere fast parallel mit der Grenze)
und 9. Curve eingezeichnet, während die 10. in der Abtheilung oberhalb
des P. 19 vorüberzieht. Vor dem P. 19 haben wir eine Quelle überschritten, und da wir aus Erfahrung wissen, dass diese aus den Abtheilungen kommenden Bächlein immer in dem einen Falle mehr, in
dem anderen weniger ausgedrückte Mulden kennzeichnen, bestimme man
in flüchtiger Messung mit der Winkel-Trommel den Verlauf dieser
Quelle, machen uns nöthigen Falles durch ein einfaches Nivellirinstrument über die Steigung schlüssig, zeichnen die Horizontalcur-

ven ein, und erhalten so ein für die ganze Abtheilung bedeutungs-
volles Bild.

Zurückgekehrt an die Grenze zeichnen wir die der Tabelle nach
auf die einzelnen Barometerpunkte treffenden Curven ein, von P. 21
nach P. 31, welch letzterer 6,2 Curven über P. 1 liegt, daher die 6. Curve
kurz vor P. 31 die Abtheilungslinie überschreitet, messen wir auch zugleich nach rechts und links die Breite der Mulde, und erhalten so die
schmale Schlucht zwischen Abtheilung 9 „Hesselmühlschlag" und 10
„Oberhöferhut"· Barometerpunkt 32 liegt 16,5 Horizontalen über P. 1,
daher durchschneiden von P. 31 an die 7.—16. Curve die Grenze, und
zwar rücken die ersten 5 wegen des sehr steilen Hanges nahe an einander und bezeichnen eine Steigung von durchschnittlich 15—16 pCt.,
während dann die horizontale Entfernung zwischen den einzelnen Curven
immer grösser wird. Von P. 32 an wird auch der Winkel, den die
Curven mit der Grenze bilden, ein anderer, indem dieselben nicht mehr
im spitzen Winkel abgehen, sondern allmählig ganz senkrecht, zuletzt
sogar im stumpfen Winkel dieselbe durchschneiden, wodurch sie zugleich auch den veränderten Charakter der Abtheilung andeuten, deren
Einfachheit in den höheren Lagen durch die spätere Verbindung der
correspondirenden Horizontalen auf der Abtheilungslinie zwischen „Hessel-
schlag" und „Tralla" noch deutlicher hervortritt. Da nach der Tabelle
B. P. 33 um 28,6 Curven höher, als P. 1 liegt, so werden zwischen
P. 32 und 33 die nöthigen Einzeichnungen unter genauer Berücksichtigung der Winkel so gemacht, dass die 28. Curve vor P. 33 die Grenze
durchschneidet. In gleicher Weise wird die 32. Curve vor Punkt 6a
eingetragen, und man bemerkt, dass die genaue Einhaltung der Winkel,
welche die Horizontalen mit den fixen Linien bilden, schon allein das
Bild des Terrains vorführen, wie es deutlich bei der Reviergrenze
zwischen 6a und 7a zu ersehen ist. Da Punkt 7a 36,9 Curven über
dem Standbarometer liegt, so wird die 37. Curve in kurzer horizontaler
Entfernung über 7a die Abtheilungslinie zwischen „Hesselmühlschlag"
und „Stückstein" kreuzen, während die 39. Horizontale in weiterer Entfernung unterhalb des P. 34 eingezeichnet wird, da einestheils bis zum
letzt genannten Punkt noch die Steigung von 0,9 Horizontalcurven-Ab-
ständen = 4,5 m. ausgedrückt werden muss, anderntheils die Höhe der
Abtheilung einen flach auslaufenden Rücken bildet, dessen Breite gemessen, und dessen zu Tag tretende Felsen durch gezackte Curven ausgedrückt werden.

Wenig Schwierigkeiten bietet die Einzeichnung der Horizontalcurven auf der Abtheilungslinie zwischen XVIII 9, 7 „Hesselmühlschlag und Tralla“ von P. 34 bis 36 und 40, da der Winkel fast derselbe bleibt, die horizontale Entfernung abwärts allmählig grösser wird, und ist hier nur die richtige Zahl der nach der Tabelle auf die einzelnen Barometerpunkte treffenden Curven im Auge zu behalten (so muss also die 32. oberhalb B. P. 35, die 21. oberhalb 36 und die 18. oberhalb 40 eingezeichnet werden) und zugleich das in der Abtheilung „Tralla“ neben der Abtheilungslinie laufende Bächlein in seiner Richtung einzumessen. Von P. 36 müssen wir die Lage des P. 37 und 38 bestimmen, und bietet ein nach 37 ziehender Altweg günstige Gelegenheit, durch schnelles Stationiren mit dem Winkelinstrumente diesen Zweck in Bezug auf 37 zu erreichen, während P. 38 in dem etwas lichter gewordenen Stangenholze leicht von 37 aus eingemessen werden kann.' Beide Punkte liegen nur um 0,6 Curvenabstände in verticaler Beziehung auseinander, da 37 um 19,5 und 38 um 20,1 Horizontalen über P. 1 liegen, und dürfte der Lage nach der relative Unterschied zwischen beiden von 3 m. (0,6 Curvenabständen) auf die bei 38 aufsteigende Anhöhe zurückzuführen sein, wesshalb die 20. Curve diesen Hügel kennzeichnet.

Ein recht deutliches Beispiel der Curvenverbindung bietet die Höhe der Punkte 36, 37, 38, 40 und 32. Verbindet man nämlich die 19. Horizontale auf der Abtheilungslinie zwischen „Hesselmühlschlag und Tralla“ (also die 2. oberhalb P. 40, oder die 2. unterhalb P. 36) mit der 19. auf der Staatswaldgrenze (also der 3. oberhalb P. 32) in der Weise, dass dieselbe (wie es nach der Tabelle erforderlich ist) unterhalb der Punkte 37 und 38 vorüberzieht, so tritt sofort sowohl die flache Stelle bei 37, als auch der von 38 abwärts durch die ganze Abtheilung ziehende Rücken deutlich hervor, dessen Verlauf noch durch P. 39 festgestellt wird, unter welchem nach der Tabelle die 15. Horizontale vorüberziehen muss, und in der Verbindung mit der 15. auf der Staatswaldgrenze und der correspondirenden zwischen P. 40 und 41 (zwischen welchen Punkten hauptsächlich der Winkel, den die Curven mit der Abtheilungslinie bilden, zu bemerken ist) die für die ganze Abtheilung charakteristische Figur bildet.

Von P. 41, der um 12,7 Curven über dem Standbarometer liegt, nach P. 11 werden also 7 Curven einzuzeichnen sein, die gerade hier in der Bestimmung der Winkel grössere Aufmerksamkeit erfordern, da durch dieselben der steile Abhang rechts, und der eigenthümliche Rücken links (in der Abtheilung Hesselmühlschlag) hervortritt; zugleich wird auf der Unterabtheilungslinie durch Messung der Entfernung xy und im rechten Winkel y 39 die Lage des Punktes 39 festgestellt, während die Breite und die Form der zwischen der Abtheilung „Wiege" und „Hesselmühlschlag" befindlichen Mulde durch Seitenmessungen bestimmt wird.

So sind endlich alle zwischen die einzelnen Barometerpunkte treffenden Horizontalen eingezeichnet, die Lage der ersteren genau bestimmt, ebenso die wichtigen Figuren des Terrains aufgenommen, und durch Verbindung der correspondirenden Curven erhalten wir das deutliche Bild der ganzen Abtheilung.

Bei der fortschreitenden Terrainzeichnung der übrigen Abtheilungen wird der Gang der Arbeit immer mehr erleichtert und beschleunigt; denn nicht nur, dass man stets die eine, oft mehrere Umgrenzungen der nächsten Abtheilung schon durch die Arbeit in den vorhergehenden Tagen auf dem Papiere hat, so eignet man sich auch allmählig eine gewisse Fertigkeit, eine gewisse Vertrautheit mit dem Terrain des betreffenden Complexes an, das ja in jeder anderen Gegend andere charakteristische Formen zeigt; es ist ferner wohl kaum zu erwähnen nothwendig, dass nicht immer der im obigen Beispiele beschriebene Gang einzuhalten ist, sondern dass dem Scharfblicke und der allmähligen Uebung die Bestimmung vorbehalten bleibt, ob durch einstweiliges Ueberspringen der einen Abtheilung, durch Vorgreifen dieser oder jener Beschäftigung, kurz, durch andere Reihenfolge und Geschäftsvereinfachung die Arbeit beschleunigt wird. Sehr vortheilhaft ist es auch, bei besonders auffälligen Terrainausformungen (z. B. in der Abtheilung 5 „Hahnenhäng" der eigenthümlichen Drehung des Abhanges) eine einzelne, durch einen bestimmten Punkt gehende Horizontale schnell zu nivelliren, und dadurch Anhaltspunkte für die Verbindung der übrigen sich zu verschaffen.

Sobald eine Abtheilung fertig gestellt ist, wird die Zeichnung durch sorgfältiges Durchpauschen auf die Originalkarte übergetragen, und hiebei die richtige Zahl der Curven nach der Tabelle controlirt, die Verbindung mit der nächsten Abtheilung auf der Copie eingezeichnet, und so allmählig der ganze Complex in seiner Terrainbeschaffenheit zu Papier gebracht, wonach nur noch die Ausführung mit Tusche, event. mit Farben erübriget.

Vielleicht ist durch vorstehenden Abschnitt des Büchleins der beabsichtigte Zweck erreicht, durch ein spezielles Beispiel eine genaue

Darstellung der bei Ausführung der forstlichen Terrainzeichnungen in der Oberpfalz beobachteten Methode vorzuführen, und mit ähnlichen Arbeiten sich beschäftigenden Fachgenossen einen Versuch zur Höhenmessung mit Barometern, i. sp. der Aneroide, anzurathen, weshalb man nicht unterlässt, diejenigen, die sich mit barometrischen Höhenbestimmungen eingehender zu beschäftigen die Absicht haben, auf das in diesem Jahre erschienene umfassende „Handbuch der barometrischen Höhenmessungen von Dr. Paul Schreiber"[1]) aufmerksam zu machen. Zugleich glaubt Verfasser dieses hiebei Gelegenheit ergreifen zu müssen, die Gründe anzuführen, wesshalb er die in vorgenannter wissenschaftlicher Arbeit etwas ungünstig kritisirte Methode der Höhenbestimmung nach Höltschl beibehalten hat.

Wie schon mehrfach erwähnt, schwebte die Absicht vor, nur eine Schilderung der von uns im grösseren Rahmen praktisch durchgeführten Verwendung der Aneroide zur forstlichen Terrainzeichnung zu geben, wesshalb schon aus diesem Grunde eine durch Schreibers vorzügliches Werk, das übrigens erst nach fast vollständiger Vollendung vorstehender Abhandlung erschien, bedingte Abweichung von dem angegebenen Zwecke dem Principe der Arbeit widersprochen hätte; dann aber haben auch mehrfache nach den von Dr. Schreiber angegebenen Formeln berechneten Beispiele die Ueberzeugung gebildet, dass die einfachere, von uns beobachtete Methode der Berechnung nur sehr wenig von der streng wissenschaftlich durchgeführten Bestimmung abweicht, und für unsere Zwecke, bei denen wir ja nur relative Höhen suchen, vollkommen ausreicht, da sie oft mit den trigonometrisch ermittelten Höhen bis auf eine geringe Differenz übereinstimmt.

Eines aber ist im vollkommenen Umfange zu bestätigen, dass nämlich die zur Verwendung bestimmten Aneroide stets, auch wenn längere Zeit nicht mit denselben gearbeitet werden sollte, einer genauen täglichen Controle unterliegen, d. h. dass täglich an denselben Ablesungen, die sorgfältig notirt werden, gemacht werden sollen, so dass etwaige irreguläre Erscheinungen an denselben stets als Gegenstand neuerer Beobachtungen dienen können.

---

[1]) Weimar 1877, Bernhard Friedrich Voigt.

Dritter Abschnitt.

Das Wegnetz der Reviere: Eslarn, Pullenried und Krottensee.

Die Reviere Eslarn und Pullenried des Forstamtes Vohenstrauss
liegen im Regierungsbezirke der Oberpfalz und von Regensburg, und
bilden Theile eines grossen, nur wenig unterbrochenen Waldcomplexes
auf der westlichen Abdachuug des Böhmerwaldes, woselbst speziell das
Revier Eslarn mehrere Stunden weit die Landesgrenze bildet. Sowohl
auf böhmischem, als auf bayerischem Territorium dehnen sich meilen-
lange Wälder aus, und herrscht hier Ueberfluss an Walderzeugnissen
jeder Art; der frische, kräftige Gneis- und Granit-Boden bringt in
üppigster Fülle die herrlichsten Fichten- und Tannenbestände, die oft
in ihrer ganzen Ausdehnung aus dem vorzüglichsten Commerzialholze
bestehen, und worin die stärksten Stämme nicht zu den Ausnahmen
gehören. Leider ist gerade diese Gegend von den verheerenden Or-
kanen im Jahre 1868 u. 1870 am empfindlichsten heimgesucht worden,
welch' letzterem in diesen beiden Revieren weit über 100,000 Raum-
meter Holz zum Opfer fielen. Sind schon die Absatzverhältnisse dieser
von der Eisenbahn so weit entfernten Gegend unter gewöhnlichen Verhältnissen sehr erschwert, so zeigte sich dieser Missstand natürlich am
nachtheiligsten bei diesem so plötzlichen, unvorhergesehenen Anfalle
von Holz, und machte sich in Beziehung der Holzpreise sehr fühlbar,
die wegen des theuren Transportes bis zur Eisenbahnstation, der pro
Festmeter viel mehr betrug, als der letztere im Walde kostete, sehr
niedrig standen.

Die nächste Eisenbahnstation von Eslarn ist nämlich Wernberg oder
Weiden an der b. Ostbahn, beide Stationen ca. 36 Km. entfernt, und
die Verbindungswege nicht im besten Zustande; während für das Revier
Pullenried die Station Pfreimt der genannten Bahn zwar ganz günstig

liegt, allein wegen gänzlichen Mangels einer Verbindung nicht zu erreichen ist. Grosse Aenderung in den Absatzverhältnissen, besonders für das letztere Revier, bringt die einstige Vollendung der projektirten Distriktsstrasse[1]) von Pfreimt nach Taennesberg, wodurch dann auch Pullenried und in zweiter Linie selbst Eslarn mit der Station Pfreimt verbunden ist; und war es Aufgabe, für die beiden Reviere diese Verbindung durch ein auf Grund der Terrainkarten projektirtes Wegnetz anzustreben und das letztere auf dem Terrain festzulegen.

Auf beiden Revieren ist der Wegnetzprojektirung ein ergiebiges Feld geboten, da in denselben, hauptsächlich aber im Reviere Pullenried einestheils fast noch keine gebauten Wege vorhanden sind, oder doch wenigstens eine bedeutende Correctur in der Anlage erfordern; anderntheils beiden Revieren bis jetzt noch eine direkte Verbindung mangelt. Der ganze Verkehr des Revieres Eslarn ist auf die Distriktsstrasse von Schönsee über Eslarn nach Weiden oder Wernberg gerichtet, während eine Versorgung der ziemlich holzarmen Gegend von Obervichtach mit Bau-, Nutz- und Brennholz fast nicht möglich ist; und doch sind für das Revier Pullenried in sofern die Verhältnisse noch ungünstiger, als für dasselbe nur in den Distrikten I, III, IV, V, VII, (Tafel IV) die Strasse Obervichtach-Moosbach eine Verbindung mit der Eisenbahnstation Wernberg oder Weiden auf weiten Umwegen ermöglichet, der Distr. XIX (Tafel III) als vollständig unaufgeschlossen zu betrachten ist. Es wurde desshalb auch vom Anfange an bei Aufstellung eines Wegnetz-Projektes ein Hauptgewicht auf die Verbindung der genannten Reviere unter einander, und auf die Ermöglichung einer näheren Verbindung mit der Bahn anderntheils gelegt, eine Verbindung, die einst mit der Vollendung des gut angelegten Projektes der neuen Distriktsstrasse von Pfreimt nach Taennesberg wohl auf die Station Pfreimt gerichtet wäre.

Die Grenze des Distr. Stück vom Reviere Eslarn (Tafel II) bildet die Distriktsstrasse Schönsee-Eslarn, und da diese in ziemlich gutem Zustande sich befindet, wird sie auch die Hauptader des Holztransportes aus dem Stücke bleiben. Die Nothwendigkeit der Anlage eines Weges, welcher den Distr. durchschneidet, und den Transport des Holzes auf die genannte Distriktstrasse möglich macht, hatte man schon

---

[1]) Eine Strasse, die unter Oberaufsicht des k. Bezirksamtes von den einzelnen, treffenden Gemeinden gebaut und unterhalten wird, wozu dieselben jedoch Zuschüsse aus dem Distriktsfond erhalten.

vor Jahren eingesehen, und durch Anlegung des sogenannten „Stücksträsschens" diesem Bedürfnisse abzuhelfen geglaubt, in sofern jedoch
einen Fehler in der Anlage begangen, als man vom B. P. 68 aus, anstatt
eine, wenn auch unbedeutende Steigung beizubehalten, sogar bis zum
B. P. 69 auf eine Länge von 360 m. um 2,45 m. gefallen war. Es ist
dies um so mehr zu bedauern, als gerade die Strecke von 68 nach 69
zu den besser gebauten gehört, während jene von P. 67 bis 68 fast
nicht auf das Prädicat „mit Grundbau versehen" Anspruch machen
kann; doch wäre diese Strecke, die bei einer Länge von 525 m. nach
der Terrainkarte eine relative Höhe von 28 m. erstiegen hat, desshalb
ein durchschnittliches Prozentverhältniss von 5,3 pCt. zeigt, nach erfolgter Reparatur des Grundbaues beizubehalten.

Da, wie oben bemerkt, eine Verbindung des Distr. Stück mit dem
Distr. Greiner (Tafel III) sehr erwünscht ist, so wäre diese Verbindung
wohl zunächst vom B. P. 69 aus herzustellen; allein, abgesehen von
dem, wenn auch unbedeutenden Gegengefälle, welches sich von 68 nach
69 ergeben würde, so erhält man von 69 bis 6a (der letztere Punkt,
als die tiefste Stelle der Grenze zwischen den beiden Revieren Eslarn
und Pullenried, ist als Hauptübergangspunkt zu betrachten) auf eine
Länge von ca. 1153 m. nach der Terrainkarte eine durchschnittliche
Steigung von 5,1 pCt., da nach der Tabelle P. 6a um 58,5 m. über
Punkt 69 liegt. Wenn nun auch dieses Prozentverhältniss noch kaum
dem Maximum sich nähert, so ist doch zu bedenken, dass man wohl
nicht mit über 5 pCt. Steigung auf dem Sattelpunkte 6a ankommen
kann, um dann im Distr. Greiner sofort wieder zu fallen, sondern dass
jedenfalls, um auf dem Sattel ein niedrigeres Prozentverhältniss zu erhalten, im Anfange mit 6—7 pCt. vorzugehen wäre, was bei dem Umstande, dass hier die Lasten einst grösstentheils bergan befördert werden
sollen, wo möglich zu vermeiden wäre. Ganz anders ergibt sich das
Verhältniss, wenn man die Strecke vom B. P. 68 aus in's Auge fasst;
hier entziffert sich auf eine Länge von ca. 1450 m. bis zum P. 6a eine
durchschnittliche Steigung von nur 4 pCt.; es ist diese Linie aus den
angegebenen Gründen also wohl als die allein zu empfehlende anzusehen;
und wäre vom P. 68 an auf eine Länge von 563 m. mit 4 pCt. vorzugehen, dann aber auf eine Länge von 200 m. eine Steigung von 5 pCt.
anzunehmen; man empfiehlt diesen Wechsel im Gefälle aus dem Grunde,
um dann, nach abermaliger Zurücklegung von 500 m. mit 4 pCt., bis
zum Sattelpunkte 6a auf eine Strecke von 187 m. mit abnehmendem
Gefälle, zuerst mit 3, dann mit 2 und 1 pCt., gelangen zu können,

und dadurch einestheils den Uebergang abzurunden, und anderntheils
der allmähligen Ermüdung der Zugthiere Rechnung zu tragen.

Beim Einzeichnen des Projektes auf die Karte ist zu bedenken,
dass P. 68 um 21,5 Curven über dem Orte des Standbarometers liegt,
es bleibt desshalb bis zur nächst höheren Horizontalen eine verticale
Entfernung von 2,5 m., und da die Steigung dem Projekte nach 4 pCt.
betragen soll, so nimmt man die Länge von 63 m. in den Zirkel, durchschneidet von P. 68 aus die nächst höhere Curve und bezeichnet diesen
Schnittpunkt; von hier aus werden nun auf eine Gesammtlänge von
563 m. die einzelnen Curven mit dem in den Zirkel gefassten Maasse
von 125 m. (Curvenabstand 5 m, Steigungsverhältniss + 4 pCt.), dann
auf eine weitere Entfernung von 200 m. mit 100 m. (Steigungsverhältniss + 5 pCt., Curvenabstand wie oben), und hierauf auf 500 m. mit
abermals 125 m. durchschnitten, und von diesem letzten Schnittpunkte
aus die noch übrige Entfernung bis P. 6a auf 3 pCt., 2 pCt. und 1 pCt.
eingetheilt; zum Schlusse rundet man noch die projektirte Linie zwischen
den einzelnen Schnittpunkten etwas ab, und erhält so den ganzen
Wegzug dem Prozentverhältnisse nach auf der Karte. Die genaue
Einmessung der Weglinie auf die Forsthauptkarten geschieht erst nach
definitiv festgestelltem Nivellement. Ueberblickt man die ganze Linie,
so zweigt sie in der Abtheilung „Steinbach“ von der Distriktsstrasse ab,
überschreitet die Abtheilungslinie XVIII 2. 4. und behält die gebaute
Strecke des Stücksträsschens bei bis P. 68, überschreitet die Abtheilungslinie XVIII 4. 7, zieht durch die Abtheilung „Tralla“ und den oberen
Theil des „Hesselmühlschlages“ und erreicht, endlich bei P. 6a den
Sattelpunkt. **Gesammtlänge = 1450 m.**

Um die gebaute Strecke von P. 68 bis 69 nicht ohne Zweck zu
lassen, und anderntheils die Abtheilung „Hesselmühlschlag“ so viel als
möglich zu erschliessen, wäre von P. 69 an ein einfacher Stellweg in
der Weise anzulegen, dass derselbe von P. 69 an auf eine Länge 250 m.
mit 4 pCt. fällt, und dann auf 1226 m. horizontal (oder nur mit sehr
geringem Gefälle) durch die Abtheilung „Tralla“ und „Hesselmühlschlag“ bis zur Staatswaldgrenze oberhalb des Bar. P. 32 verläuft.
Allerdings kann dieser Weg vorerst nicht weiter fortgesetzt werden,
allein da derselbe auch nur als einfacher Zufuhrweg gelten soll, so wird
durch Herstellung des Altweges, der sich durch den „Hesselmühlschlag“
zieht, und der bis jetzt als alleiniger Holzabfuhrweg bestand, es möglich, das ganze im „Hesselmühlschlag“ anfallende Material endlich auf
die Distriktsstrasse, oder auf den neu projektirten Weg bis zum P. 6a

zu bringen. Ueberdies ist zu hoffen, dass dieser Weg später bis zum Dorfe Oberlangau fortgesetzt werden kann, und dann auch für dieses Dorf von grossem Vortheile sein wird. **Länge bis zur Staatswaldgrenze = 1476 m.** Kehrt man zurück zu dem bis zum Bar. P. **6a** projektirten Weg, so ist die Fortsetzung desselben durch den Distrikt Greiner vom Revier Pullenried (Tafel III) mit keinen Schwierigkeiten verknüpft. Im genannten Distrikte bestehen bis jetzt zwei gebaute Wege, von denen der eine in der Abtheilung „Grünberg" an der Staatswaldgrenze beginnt, die Abtheilungslinie „Grünberg-Dürrloh" durchschneidet, und in dieser letzt genannten Abtheilung endiget; es war zuerst Absicht, die Fortsetzung des neuen Weges vom P. **6a** auf diese gebaute Strecke einmünden zu lassen; allein in Erwägung, dass auch bei der Anlage dieses Weges (wie die Terrainkarte zeigt) bedeutende Fehler in der Art gemacht worden sind, dass demselben neben dem Gegengefälle an der Abtheilungslinie 2. 3. Steigungen von über 9 pCt. gegeben wurden, um dann zuletzt am Ende des Weges horizontal zu verlaufen, beschloss man, den neuen Weg selbständig durch den ganzen Distrikt Greiner so zu projektiren, dass er vom B. P. **6a** an 992 m. lang mit 1,6 pCt. bis in die Nähe der Abtheilungslinie 1. 2. falle, dann mit einem Gefälle von 3,4 pCt. auf eine Länge von 1051 m. die Abtheilungslinie 2. 3. erreiche, ferner auf eine weitere Länge von 394 m. mit nur 1,0 pCt. um den Rücken in der Abtheilung „Grünberg" sich ziehe, und dann mit 3,4 pCt. auf eine Entfernung von 876 m. das sogenannte Schwander-Strässchen an der Staatswaldgrenze erreiche, welch' letzteres in der Richtung nach Schwand-Schönsee nach erfolgter Correctur in der Anlage (da dasselbe sehr steile Stellen enthält) den Transport des Holzes in diese Gegend vermittelt, und zugleich die Verbringung des im oberen Theile der Abtheilung anfallenden Materials auf den neuen Weg erleichtert. **Gesammtlänge von 6a bis zur Staatswaldgrenze = 3313 m.** [1]).

Um endlich noch für die Abtheilungen „Stückstein, Hahnenhäng", und theilweise auch „Ruberlschlag" des Revieres Eslarn (Tafel II) auch

---

[1]) Dieses ursprünglich aufgestellte Projekt, bei dem zunächst eine gute Verbindung des Revieres Eslarn mit dem Reviere Pullenried und durch dieses mit der Eisenbahnstation Pfreimt beabsichtigt war, wurde auf Grund einer nach erfolgtem Nivellement der Linie vorgenommenen örtlichen Inspection insoferne abgeändert, als der projektirte Weg an einigen Stellen tiefer gelegt wurde, wodurch allerdings der praktische Werth desselben bedeutend erhöht, allein auch das ursprüngliche gleichmässige Gefäll öfterem Wechsel unterworfen warde.

den Absatz nach Obervichtach und nach Pfreimt zu erleichtern, projektirte man noch einen Zufuhrweg in der Nähe der Reviergrenze, der,
wenn auch theilweise etwas steilere Gefälle nothwendig sind, doch bei
dem Umstande, dass sämmtliche Lasten bergab zur neuen Linie dem
sogenannten „Greiner-Strässchen" zu befördern sind, von grosser Bedeutung ist. Er hätte vom B. P. 9a (Tafel III), an der Reviergrenze
beginnend (oder vielmehr die Fortsetzung des Verbindungsweges nach
Schönsee bildend), 251 m. mit ca. 4 pCt. zurückzulegen, dann auf 175 m.
mit 0 pCt., oder doch unbedeutendem Gefälle, in einer Wegcurve einen
Sattelpunkt zu überschreiten, um dann mit 5 pCt. auf 408 m. die Reviergrenze wieder zu erreichen, und endlich auf 700 m. mit allerdings durchschnittlich 7 pCt. auf die neue Linie, dem „Greiner-Strässchen" in der
Nähe des P. 6a einzumünden. **Gesammtlänge = 1534 m.**

Vom Punkt 26 an (Tafel III), Abth. XIX. 4, wäre der bestehende
Ortsverbindungsweg nach Mitterlangau herzustellen, und von hier aus
ist dann die Verbringung des sämmtlichen Materials auf den bestehenden
Ortsverbindungswegen nach Plechhammer und Obervichtach ermöglicht.

Die ganze Strecke von der Distriktsstrasse Eslarn-Schönsee durch
das Revier Eslarn und den Distr. Greiner der Reviers Pullenried dürfte
von enormer Bedeutung für die ganze Gegend sein, da dieselbe, ohne
Schwierigkeiten im Baue bei ganz unbedeutendem Gefälle zu bieten,
die ziemlich holzarme Gegend von Obervichtach nicht nur vollständig
mit dem Distr. Greiner verbindet, sondern selbst den Absatz aus den
entferntesten Abtheilungen des Reviers Eslarn möglich macht, überdies
die kürzeste Verbindung der beiden bedeutenden Marktflecken Eslarn
und Obervichtach bildet, also auch volkswirthschaftlich grossen Werth
besitzt; es ist ferner nicht zu unterschätzen, dass die ganze Strecke
sich durch den Staatswald windet, und desshalb den in dieser rauhen
Gegend so häufigen Schneeverwehungen, die oft fast alle bestehenden
Strassen zeitweise unwegsam machen, vollständig ausweicht. Ob nicht
durch einstige Herstellung eines der bestehenden Ortsverbindungswege
von Mitterlangau nach Pullenried, und also durch direkte Verbindung
mit der Distriktsstrasse Moosbach-Pullenried, und, wie wir später sehen
werden, mit Pfreimt, ein grosser Theil des Verkehrs des ganzen Grenz-
bezirkes mit der Bahn auf diese Linie übergehen wird, möge die Zukunft lehren!

Als vollständig unaufgeschlossen sind die Distrikte I Maurerbusch,
III Schaar, IV Treswitzerwald, VI Vorderer-, VII Hinterer Wildsteiner-
wald des Revieres Pullenried (Tafel IV) zu betrachten, da durch den

ganzen Complex von ca. 988 Hectar nur in der Abtheilung „Pinau und Strassbogen" auf ganz kurze Strecke die Distriktsstrasse von Moosbach nach Pullenried-Obervichtach sich zieht.

Da von der Eisenbahnstation Pfreimt nach Taennesberg eine neue Distriktsstrasse in sehr vortheilhafter Weise projektirt ist, von Taennesberg bis zum sogenannten „Rothen Kreuz" (B. P. 75 an der Reviergrenze zwischen Pullenried und Taennesberg) bereits ein gebauter Weg vorhanden, so ist, wenn die Möglichkeit geboten wäre, durch den Staatswald vom rothen Kreuz bis zur Distriktsstrasse Mossbach-Obervichtach eine Verbindung herzustellen, nicht nur der ganze Complex, sondern in zweiter Linie, wie oben bemerkt, auch das Revier Eslarn mit der Eisenbahnstation Pfreimt verbunden.

Ein Blick auf die Terrainkarte des Complexes zeigt, dass diese Verbindung leicht möglich ist; und da natürlich der Weg sich nur im Staatswalde zu bewegen hat, so wurde als Abzweigungspunkt von der Moosbach-Obervichtacher Strasse der B. P. 34 (Abtheilungslinie „Pinau" und „Strassbogen") bestimmt, da von hier aus die neue Linie sich eine Strecke weit auf ziemlich flachem Terrain bewegen kann, und, wie die auf der Terrainkarte vorgenommenen Proben bewiesen, nicht nur die zwischen den Abtheilungen „Pinau, Bubenloh und Todtenkopf" liegende Inclave umgangen, sondern auch ohne Schwierigkeiten im Baue die gewünschte Verbindung hergestellt werden kann.

Nach mehreren Versuchen auf der Terrainkarte wurde nun das Prozentverhältniss des Weges dahin festgestellt, dass derselbe vom B. P. 34 aus auf 379 m. in gerader Linie mit einer Steigung von kaum 2 pCt. zu beginnen, dann aber auf eine Länge von 1750 m. eine solche von 4 pCt. anzunehmen hat; (hiebei ist nach 500 m. beim Uebergang über die Abtheilungslinie zwischen „Bubenloh und Todtenkopf" eine Wegcurve anzulegen, während die noch übrige Entfernung in flachem Zuge zurückgelegt werden kann). Nach einer nunmehrigen Gesammtlänge von 2129 m. erfordert die eigenthümliche Terrainausformung in der Abtheilung „Todtenkopfleite" abermals eine Wegcurve, die auf eine Länge von 333 m. mit 3 pCt. anzulegen ist. Würde man nun wieder das frühere Steigungsverhältniss von 4 pCt. annehmen, so wäre allerdings auch der Uebergang des Rückens in der Abtheilung „Luderschlag" noch möglich, allein an einer Stelle, von welcher aus dann auf der anderen Seite des Abhanges bis zum rothen Kreuz ein stärkeres Gefäll nöthig wäre, welches besonders desswegen zu vermeiden ist, weil von letzt genanntem Punkt aus der bereits gebaute Weg nach Tännesberg wieder steigt.

Es ist desshalb von oben erwähnter Curve aus zum allmähligen Uebergang auf eine Strecke von 250 m. eine Steigung von 4 pCt. anzunehmen, dann aber dieselbe für eine Strecke von 800 m. auf 5 pCt. zu erhöhen. Auf solche Weise steht nach einer nunmehrigen Gesammtlänge von 3512 m. noch der Sattel in der Abtheilung „Luderschlag" zu überschreiten, welcher Uebergang auf eine Länge von 233 m. in horizontaler Richtung stattzufinden hat; keine Schwierigkeiten bietet dann der Anschluss an den Tännesberger-Weg beim B. P. 75; mit einem Gefälle von 4 pCt. auf 500 m., dann mit 3 pCt. auf 666 m., und endlich zum Schlusse in horizontaler Richtung auf 53 m. gelangt man an den Anschlusspunkt, „dem rothen Kreuze". Die ganze Strecke, die keine baulichen Schwierigkeiten in sich schliesst, zweigt von der Abtheilung „Strassbogen" vom Punkt 34 ab, geht durch die Abtheilung „Pinau", kreuzt die Abtheilungslinie zwischen „Pinau" und „Bubenloh", überschreitet oberhalb des P. 51 in einer Wegcurve die Abtheilungslinie zwischen „Bubenloh" und „Todtenkopf", zieht sich dann an dem steilen Gehänge der letzt genannten Abtheilung hin, und erreicht ungefähr 152 m. unterhalb des P. 47 die Abtheilung „Todtenkopfleite"; nach einer Entfernung von ca. 350 m. beginnen für den Weg einige ziemlich bedeutende Curven, und überschreitet derselbe ungefähr 240 m. unterhalb des P. 57 die Abtheilungslinie zwischen „Todtenkopfleite" und „Geisloh", macht in der letzteren, sich anschmiegend an das Terrain, ebenfalls eine Curve, und geht an der Abtheilungslinie zwischen „Hohen Rainstein, Geisloh und Luderschlag" in die letzte Abtheilung über, überschreitet in derselben den Sattelpunkt, durchzieht die Abtheilung „Wildsteinerloh" und gelangt endlich zum „rothen Kreuz", B. P. 75. **Gesammtlänge = 4964 m.** (Weg No. 1.)

Nach der Erfüllung der Haupt-Aufgabe, der Verbindung des rothen Kreuzes mit der Moosbach-Obervichtacher Strasse, erübriget noch die Projektirung eines Weges, der den Kegel des Ameisenberges auf der nord-östlichen Seite umfasst. Es befindet sich nämlich auf der Westseite dieses Berges ein bereits gebauter Weg, der sogenannte „steinige Weg" (Weg No. 2), der der Reviergrenze zwischen Pullenried und Taennesberg entlang zieht, und die Verbindung des rothen Kreuzes mit dem Dorfe Etzgersrieth ermöglicht; wenn derselbe auch nicht vollkommen correct angelegt ist, indem derselbe einige, leicht zu vermeiden gewesene Gegengefälle enthält, so ist derselbe doch beizubehalten; wenn nun noch eine Weglinie projektirt wird, die diesen Weg mit dem neuen Hauptweg (den wir der Kürze halber den „neuen Tännesberger-weg“, oder Weg No. 1 nennen können) verbindet, so ist nicht nur der ganze Kegel des Ameisenberges von allen Seiten umfasst, sondern auch die direkte Verbindung des neuen Tännesbergerweges mit Etzgersrieth und der Gegend von Moosbach-Vohenstrauss gegeben.

Ohne Schwierigkeiten lässt sich dieser Weg herstellen; derselbe zweigt an der Abtheilungslinie zwischen „Hohen Rainstein, Luderschlag und Geisloh“ ab, erhält auf 335 m. ein Gefäll von 4 pCt., indem er den B. P. 67 (die sogenannte Kohlstatt) in einem Bogen umzieht, fällt dann, sich dem Terrain anschmiegend, auf 467 m. mit 2 pCt. (wobei er die Staatswaldgrenze bei Markstein 50 berührt), dann auf 750 mit abermals 4 pCt. und erreicht endlich nach einer mit einem Gefäll von durchschnittlich 1 pCt. zurückgelegten Entfernung von 934 m. an der Staatswaldgrenze den „Steinigen Weg“ **Gesammtlänge = 2486 m.** (Weg No. 3).

Auf der Reviergrenze zwischen Pullenried und Taennesberg endiget ein von letzterem Revier gebauter Weg, durch dessen Fortsetzung die Abtheilung „Kräutel“ mit dem neuen Taennesberger-Weg verbunden werden könnte. An dem steilen Abhange, den die beiden Waldorte „Kräutel“ und „Dreifelsen“ bilden, ist ein geringes Procentverhältniss nicht leicht zu erzielen, da es natürlich erforderlich ist, den Weg möglichst tief zu legen; es hätte derselbe am sogenannten Steinbrunnen den gebauten Weg mit einem durchschnittlichen Gefälle von 5 pCt. zu verlassen, und dieses Gefäll auch im ganzen Verlaufe beizubehalten; nach Ueberschreitung der Abtheilungslinie zwischen „Kräutel“ und „Dreifelsen“ mündet er nach einer zurückgelegten **Entfernung von 1180 m.** in der letzt genannten Abtheilung in den gebauten Weg No. 4 ein, und wird so durch diesen die Verbindung mit dem Hauptwege herstellen. (Weg No. 5.)

Um das Wegnetz vollständig zu machen, erübriget noch eine Verbindung der Abtheilung 3 „Eselfuss“, 1 „Vordere-“ und 2 „Hintere Schaar“ mit dem neuen Taennesbergerweg, und lässt sich dieser Zweck dadurch leicht erreichen, dass der von Wildeppenrieth und Obervichtach an den Staatswald zwischen B. P. 10 und 11 führende Feldweg fortgesetzt wird. Man stellt desshalb das Projekt auf, ihn auf 250 m. mit einem Gefälle von ca. 2 pCt. anzulegen, nach welcher Entfernung er dicht oberhalb des B. P. 9 die Abtheilungslinie zwischen „Eselfuss“ und „Vordere Schaar“ überschreitet und in die letztere übertritt. Von hier aus erhält derselbe ein Gefäll von 4 pCt., kreuzt nach einer Gesammtlänge von ca. 960 m. ungefähr 94 m. oberhalb des B. P. 28 (den sogenannten Goldbrunnen) die Abtheilungslinie zwischen „Bubenloh" und „Vordere Schaar" und mündet nach einer im Ganzen zurückgelegten **Entfernung von 1500 m.** in der Nähe des B. P. 51 auf den neuen Taennesbergerweg, als der Hauptader des ganzen Complexes. (Weg No. 6.)

Wünschenswerth bleibt es endlich noch, dem grossen Marktflecken Moosbach und Umgegend das Ausbringen des Materials aus den zunächst gelegenen Waldorten dadurch zu erleichtern, dass eine in der Abtheilung „Todtenkopfleite" vom neuen Taennesbergerwege abzweigende Verbindung mit der Distriktsstrasse Mossbach-Obervichtach angestrebt wird. Es ist diese Aufgabe nicht leicht, indem der steile, weit ausgedehnte Abhang ein wünschenswerthes Gefäll kaum ermöglichet; in Erwägung jedoch, dass dieser Weg hauptsächlich nur zum Ausfahren des Materials bergab dienen soll, dass eine Verbringung grösserer Lasten aus Moosbach in der Richtung nach Taennesberg und Pfreimt auf dem Umwege der Distriktsstrasse von B. P. 34 aus auf dem Hauptwege keine Schwierigkeiten findet, lässt sich bei dem erwähnten Projekte wohl ein bedeutenderes Gefäll annehmen. Es hat desshalb in der Abtheilung „Todtenkopfleite" in einer Entfernung von 105 m. vom Uebergang des Weges No. 1 über die Abtheilungslinie zwischen „Todtenkopf" und „Todtenkopfleite" der Verbindungsweg den genannten Hauptweg zu verlassen, und zwar erhält derselbe auf eine Entfernung von 400 m. ein Gefäll von 5 pCt. Nach dieser Strecke wird eine auf dem Terrain vorhandene flache Stelle dadurch ausgenützt, dass wir auf derselben eine Curve anlegen, die auf ungefähr 262 m. mit einem Gefälle von ca. 4 pCt. die Richtung des Weges auf die Distriktsstrasse gibt. Würde man nun ein Gefäll von 4—5 pCt., wie es seither angenommen wurde, beibehalten, so würde der Weg 1) zu weit parallel mit sich selbst laufen, und 2) zu weit rückwärts führen. Es ist desshalb von dieser Curve aus auf eine Entfernung von 715 m. ein Gefäll von 7 pCt. geboten, so dass die projektirte Linie nach Ueberschreitung der oben erwähnten Abtheilungslinie bei B. P. 35 und nach einer nunmehrigen Gesammtlänge von 1377 m. endlich auf den im tieferen Theile der Abtheilung „Todtenkopf" vorhandenen Altweg einmündet und in dessen Weiterverfolgung nach 350 m. mit durchschnittlichem Gefälle von 5,6 pCt. die Staatswaldgrenze in der Nähe der Sägmühle erreicht, und durch Instandsetzung des katastrirten Feldweges die Verbindung mit der Distriktsstrasse gegeben ist. **Gesammtlänge = 2124 m.** (Weg No. 7.)

Ohne Zweifel bietet dieser Weg für die ganze Gegend von Moosbach grosse Vortheile, da auf demselben nicht nur das Material leicht ausgeführt werden kann, sondern auch die Bergan-Fahrt für Lasten nicht durch eine Steigung von 7 pCt. als ausgeschlossen zu betrachten ist, wenn in Betracht gezogen wird, dass diese Strecke ungefähr 2000 m. kürzer ist, als der Umweg über B. P. 34.

Ueberblickt man das gesammte Wegnetz, so dürften fast alle Abtheilungen in vollständige Verbindung unter einander, und mit der Distriktsstrasse Moosbach-Obervichtach, als auch mit Taennesberg und der Eisenbahnstation Pfreimt gebracht sein. Sämmtliche Wege in den Distr. I, III, IV, VI, VII, XVIII, XIX haben (mit Ausnahme des letzterwähnten Weges No. 7) bei einer Gesammtlänge von ca. 20,000 m. nur auf kurze Strecken · eine Maximal-Steigung von 5 pCt, bieten keine baulichen Schwierigkeiten, und dürfte desshalb das Wegnetz dieser Distrikte als vollständig angesehen werden.

Auf den gleichmässigen Abhängen der beiden Reviere wurden die einzelnen Weglinien nur mit Hilfe des Bose'schen, von Staudinger verbesserten Nivellirdiopters festgelegt, indem am bestimmten Punkte das ausgerechnete Prozentverhältniss mit Hilfe des Nonius am Instrumente eingestellt und nun in passender Entfernung die Latte so lange auf- oder abwärts getragen wurde, bis die Visirlinie mit der Latte genau einspielte, durch fortgesetztes Arbeiten von Station zu Station, und mit dem in der Berechnung gegebenen Wechsel des Prozentverhältnisses wurden fast immer die vorausbestimmten Punkte erreicht; kleinere, nicht zu vermeidende Fehler (die Terrainkarten wollen ja nicht als unfehlbar gelten) durch kurzes Rückwärts-Nivelliren, durch einen kurzen Wechsel im Gefälle etc. ausgeglichen. So oft die Wegstrecke eine Abtheilungslinie kreuzte, oder in die Nähe eines fixen Punktes kam, wurde jedesmal eine Orientirung vorgenommen, um sich zu vergewissern, dass die auf dem Terrain festgelegte Strecke auch mit der auf der Karte eingezeichneten übereinstimmt, so dass kleinere Abweichungen ausgeglichen, eine am Ende der Linie sich ergebende Fehler-Summe vermieden werden konnte. Die Linien wurden nur soweit durchgehauen, und auf dem Gelände kenntlich gemacht, als zur Arbeit selbst nothwendig war, indem dieselben allmählig in feste Begangspfade, die bereits die später den Wegen zu gebenden Gefälle besitzen, umgewandelt werden, und die Mittellinien derselben bilden. Eine Ausscheidung der einzelnen Weglinien nach Ordnungen oder Classen, oder gar nach Bauperioden wurde nicht getroffen (wenn auch beim Projekte schon hie und da auf besonders wichtige, oder auch auf untergeordnete Linien aufmerksam gemacht wurde), sondern hierin glaubte man dem Revierverwalter vollkommen freie Hand lassen zu müssen. Besonders wichtige Linien werden sofort in Angriff genommen, die Reviere erhalten desshalb auch über ihre ständigen Wegbaukredite oft bedeutende Zuschusssummen, der weitere Bau der einzelnen Linien jedoch hängt von der sich zeigenden Nothwendigkeit, von der Lage und dem Fortschreiten der Hiebe etc. ab; so kann die vollständige Durchführung aller Wege Jahrzehnte dauern, allein es ist die Gewissheit gegeben, dass einst mit Vollendung der letzten noch übrigen Strecke das Gesammt-Wegnetz geschlossen sein muss.

Bei der Projektirung selbst werden die einzelnen Wege am besten mit fortlaufender Nummer bezeichnet, während sie nach der durch einen Regierungs-Forstbeamten vorgenommenen örtlichen Prüfung und erfolgter Genehmigung des Netzes passende Namen erhalten, die am zweckmässigsten zugleich in ihrer Bezeichnung entweder die Lage oder die Richtung der Wege angeben. (Auf Tafel V bereits vollzogen.)

Die Wegnetzprojektirung wurde ohne Rücksichtnahme auf die bereits bestehende Waldeintheilung vorgenommen, so z. B. also nicht eine Abtheilungslinie, die sich in der Nähe eines projektirten Weges befindet, desshalb als Strecke mit in das Wegnetz gezogen, um dieselbe nicht unbenutzt liegen zu lassen, selbst wenn Richtung oder Gefällverhältniss nicht ganz bequem war, sondern ohne Rücksicht die projektirte Weglinie, selbst unmittelbar neben der Abtheilungslinie durchgehauen, indem die Bestimmung getroffen wurde, dass die Waldeintheilung allmählich mit dem Wegnetze möglichst zusammenfallen (wozu die in den bayerischen Staatswaldungen alle 12 Jahre wiederkehrenden Waldstandsrevisionen die Gelegenheit geben), dass aber bei der Aufstellung eines Wegnetzes eine Beeinflussung durch die bestehende Waldeintheilung nicht stattfinden soll.

Betrachten wir schliesslich noch in einigen Worten das Wegnetz des Revieres Krottensee, und nehmen desshalb die Karte No. V zur Hand, so fällt sofort die Verschiedenheit auf, die diese Tafel bezüglich der Terrainausformung im Vergleiche mit den vorigen zeigt. Und in der That, kaum lassen sich Reviere finden, die neben jener auch in ihren übrigen Verhältnissen so mannigfach unter einander abweichen, als die seither näher betrachteten, und Krottensee. Die ersteren in einer Gegend, die meilenweit von der allgemeinen Verkehrsader der Eisenbahnen entfernt, bilden gleichmässige, relativ ziemlich bedeutende Höhen in sich schliessende Bergwände; das letztere dagegen enthält nur relativ und absolut unbedeutende Höhen, zeigt aber einen merkwürdigen Wechsel von Hügel und Ebene, von Felsen und Schluchten, und besitzt sehr gute Absatzverhältnisse, indem gut gebaute Strassen das Revier Krottensee, sowie das Nachbarrevier Hannesreuth durchziehen und die Verbringung sämmtlichen Materials nach der Eisenbahnstation Vilseck (ca. 15 K.) ermöglichen; ebenso findet sehr viel Material seinen Absatz über das Städtchen Königstein nach Sulzbach und Neukirchen, beide Orte Eisenbahnstationen der Nürnberg-Schwandorfer Linie. Wohl den grössten Umschwung in die Absatzverhältnisse bringt die neue, nunmehr vollendete Eisenbahn von Nürnberg über Hersbruck nach Bayreuth und Hof, die in zwei Stationen, Neuhaus und Ranna, die beide nur einige Kilometer vom Staatswalde entfernt liegen, wohl sämmtliches Handelsholz des Revieres aufnehmen wird. Das Revier Krottensee, im k. b. Forstamte Vilseck gelegen, stockt auf Jura-Kalk mit Dolomit, und bildet selbst noch die Ausläufer der sogenannten fränkischen Schweiz. Durch die vielen, dieser Formation eigenthümlichen Felsen, senkrechte Bergwände und die Verschiedenheit der einzelnen Abtheilungen unter einander ist die Terrainzeichnung sowohl, als die Wegnetzprojektirung sehr erschwert.

Die erstere erforderte viel mehr Zeit, als die doppelte Flächenzahl auf anderen Revieren in Anspruch nahm, und findet dadurch auch die in der Tabelle, Seite 24, angegebene verhältnissmässig hohe Ziffer der pro Hectar treffenden Kosten theilweise ihre Erklärung; auf dem Reviere Krottensee mussten oft ganze Tage dazu verwendet werden, nur um sich eine gewisse Orientirung in der betreffenden Abtheilung zu erwerben, damit die am nächsten Tage vorzunehmende Barometermessung planmässig vorgenommen werden konnte, und war dieselbe durch den steten und schroffen Wechsel zwischen Hügel und Mulde, zwischen Felswänden und flachen Stellen sehr erschwert. (Besondere Schwierigkeiten z. B. boten die ziemlich einfach aussehenden Abtheilungen, „Allmansberg“ und „Herrnschlag“, da eine Uebersicht über die Form des Plateaus erst nach öfterem Durchwandern gewonnen werden konnte.)

Wenn auf anderen, gleichmässigeren Revieren die Nothwendigkeit nur selten auftrat, nach Höhenmessung der Umfassungsgrenzen einer Abtheilung auch im Innern derselben einige Punkte barometrisch zu bestimmen, so waren im Reviere Krottensee in mancher Abtheilung 20 und noch mehr Punkte nothwendig, die dann bei der später folgenden Terrainzeichnung alle mit dem Winkel-Instrumente eingemessen werden mussten, freilich war durch die grössere Zahl von Anhaltspunkten auch die Terrainzeichnung erleichtert.

Vollständig verschieden gegen die übrigen Reviere war auch die Wegnetzprojektirung auf dem Reviere Krottensee in Bezug auf die Manipulation der Projektirung selbst. Konnten dort die Gefälle mit Hilfe von Zirkel und Maassstab ermittelt und die nothwendigen Linien nach diesen auf die Karten eingezeichnet und später mit dem Nivellirinstrumente auf das Terrain übergetragen werden, so war von dieser Methode bei den relativ geringen Höhenunterschieden, bei dem steten und schroffen Wechsel der Terrainformen des Revieres Krottensee nur selten Gebrauch zu machen. Hier hatten die Terrainkarten einen ganz andern Zweck. Sie zeigten in ihrer Uebersichtlichkeit in dem Chaos der Klippen und Schluchten die einzig passirbaren Stellen, und liessen die Mulde verfolgen, durch welche die gewünschten Verbindungen hergestellt werden konnten, worauf dann allerdings bei auffallenden Stellen das Prozentverhältniss sich ermitteln liess. Dadurch kam es auch, dass hier die Uebertragung der projektirten Linien nicht immer mit dem Nivellirdiopter „dem Gefälle nach“ geschah, sondern dass dieselben sehr oft bei natürlichen Uebergangspunkten dem Augenmaasse nach, ausserdem mit Hilfe des Winkel-Instrumentes abgesteckt wurden, dann die projektirte Strecke nivellirt, die Baulinie construirt und convenirenden Falles dann erst die ganze Strecke als festgelegt betrachtet wurde.

Endlich sei noch erwähnt, dass zum Unterschiede mit den übrigen Revieren die Arbeiten in Krottensee nicht den Zweck hatten, in einem noch unaufgeschlossenen Complex ein vollständig neues Wegnetz zu schaffen, sondern ein bereits vorhandenes Wegnetz zu vervollständigen. Sämmtliche auf dem Reviere Krottensee vorhandenen Wege zeichnen sich neben ihrer soliden, das Interesse und das Verständniss des Erbauers bezeugenden Anlage und Instandhaltung hauptsächlich dadurch aus, dass dieselben (wie die Terrainkarte zeigt) ein vollständiges, in einander greifendes Wegnetz bilden; wobei nicht zu übersehen ist, dass die ursprüngliche Anlage nicht durch vorhandene Terrainkarten erleichtert, sondern die Wahl der Linien lediglich durch Localkenntniss bedingt war. Kann man sich nach den nun vorhandenen Terrainkarten auch nicht mit allen Strecken einverstanden erklären, so ist doch das Netz im Allgemeinen als sehr zweckmässig zu betrachten.

Den in Frage stehenden Complex durchzieht als Hauptader der von der Eisenbahnstation Neuhaus über Krottensee und dem Waldhause Sackdilling nach Vilseck führende „Krottensee-Sackdillinger-Weg“ (Weg No. I auf der Karte), der auch das Nachbarrevier Hannesreuth mit der

letzt genannten Eisenbahnstation verbindet. Durch ihn erhalten sämmtliche übrigen Wege ihre Einmündungen vorgezeichnet. Die Abtheilungen
„Herrnschlag, Brentenfels und Ackerricht" werden durch den nach
Königstein führenden „Königstein-Sackdillingerweg" (Weg No. II) und
den eigentlich dem Reviere Hannesreuth gehörenden Weg No. V erschlossen, während die Abtheilungen „Mannsberg, Fichtelberg, Färber-
brunnen" durch den „Färberbrunnerweg" (No. III) mit Königstein und
mit dem Weg Mo. I verbunden sind.

Eine für die Zukunft hauptsächlich Bedeutung habende Linie ist
ferner der von der Eisenbahnstation Ranna durch die Abtheilungen
„Vogelheerd, Hirschlecke, Rotherweg, Grillenrangen, Holderberg und
Weisse Hülle" nach Königstein führende „Ranna-Königsteinerweg"
(No. IV), der nicht nur für den Export des Holzmaterials grossen
Werth besitzt, sondern auch die ganze Gegend des Städtchens König-
stein mit der genannten Eisenbahnstation verbindet.

Wie auf der Karte ersichtlich, sind nur noch die Abtheilungen
„Hoher Ast, Engenthalerschlag, und Slawackenberg" vollständig, „Allmannsberg, Schillerweiher, Birkenschlag und Hirschlecke" auf ihrer
nördlichen, resp. nordwestlichen Seite unaufgeschlossen, und war desshalb für dieselben eine neue Linie zu projektiren. Für das Material
dieser genannten Abtheilungen bildet ausschliesslich Ranna die Auf-
nahmsstation, und ist der neue Weg in Folge dessen mit dem „Ranna-
Königsteinerweg" (Weg No. IV) in Verbindung zu bringen. Da derselbe auch für das Revier Hannesreuth den Absatz nach Ranna auf
näherem Wege vermitteln soll, wurde in Berücksichtigung dieses Um-
standes bestimmt, das derselbe am Waldhause „Sackdilling" vom „Krottensee-Sackdillingerweg" abzweigen soll.

Nach vielen auf der Karte gemachten Versuchen und dann folgenden Besichtigungen des Terrains kam man zu der Ueberzeugung, dass
der bereits zwischen Sackdilling und dem Ranna-Königsteinweg (No. IV)
vorhandene Altweg nach erfolgter Correctur die beste und bequemste
Linie sei, obwohl man auch die Schwierigkeiten nicht verkannte, die
sich dem Baue darbieten würden. Nur hatte man Zweifel, wie von
Sackdilling aus die Richtung zu nehmen sei. Unterhalb des Waldhauses Sackdilling befindet sich eine ausgedehnte, ziemlich tiefe Mulde,
an welche sich dann auf beiden Seiten (auch auf dem Reviere Hannesreuth) schroffe Abhänge anschliessen. Würde man die Verbindung von
Sackdilling aus direkt nach P. 189 vornehmen, so ergibt sich ein ziemlich starkes Gegengefäll, welches direkt unterhalb des Waldhauses auf

eine Länge von 168,70 m. ein Gefäll von 7 pCt. bedingt; von da an würde allerdings bis P. 189 die Steigung im Wechsel nur zwischen 1 und 5 pCt. betragen. Dieses Gegengefäll zu vermeiden hatte man dann die Absicht, den Krottensee-Sackdillingerweg (No. I) bis an die Abtheilung „Herrnschlag" zu verfolgen, und dort die Abzweigung in fast horizontaler Richtung unterhalb der in der Abtheilung „Allmannsberg" vorhandenen Felsen vorüber bis auf den oben erwähnten Altweg vorzunehmen, welcher Ansicht jedoch die Erwägung entgegenstand, dass der Weg No. 1 gerade oberhalb Sackdilling eine Steigung von 5 bis 7 pCt. in sich schliesst, dass also alle aus dem Reviere Hannesreuth kommenden Lastfuhrwerke auf einem ziemlich bedeutenden Umwege diese Steigung zu überwinden hätten, um dann eine längere Strecke horizontal zurückzulegen; dass ferner der Bau in so unmittelbarer Nähe an der Felswand grossen Schwierigkeiten durch die allenthalben vorhandenen Felsblöcke begegnen würde.

Es wurde desshalb bestimmt, dass das erste Projekt anzunehmen, dass also die möglichst kürzeste Linie bis P. 189 herzustellen sei, von wo aus dann bis zum P 178 sich der Anlage wenig Schwierigkeiten bieten würden; und wurde desshalb von Sackdelling aus auf eine Entfernung von 642 m. eine gerade Linie angenommen, und das starke Gefäll unterhalb des Waldhauses durch einen Auftrag von ca. 1,46 m. auf — 4,5 pCt. herabgemindert; es ergab sich so bis zum P. 178 folgendes Prozentverhältniss der Baulinie: Von Sackdilling auf 168,70 m. — 4,5 pCt., dann auf 173,36 m. + 1 pCt., auf 338,85 m. + 3,6 pCt., auf 421,73 m. + 2,8 pCt. auf 355,48 m. + 3 pCt.[1]).

Von B. P. 178 aus, woselbst zur Vermeidung eines auf der anderen Seite auf kurze Entfernung vorhandenen Gefälles von — 7 pCt. ein Abtrag von 1,17 m. stattzufinden hat, wird durch gegenseitigen Ausgleich der Gefällverschiedenheiten mit — 3 bis — 4 pCt. der B. P. 159 erreicht, auf welcher Linie allerdings die hohe Dolomitwand in der Abtheilung „Schillerweiher" (der sogenannte „weisse Stein") durch seine weitverzweigten nicht zu Tage tretenden Felsen dem Baue desswegen ziemliche Schwierigkeiten bieten wird, als gerade an dieser Stelle ein Abtrag zu erfolgen hat; doch wird auch hier gegen den Dolomit der Dynamit,

---

[1]) Wenn bei dem Maassstabe von 1 : 20000 der Nachweis der Längen und des Prozentverhältnisses ohnehin schon mit Schwierigkeiten verknüpft ist, so ist dies bei der in solchem Maassstabe gezeichneten Terrainkarte von Krottensee oft unmöglich, da die relativen Höhenunterschiede oft kaum 1 oder 2 Curven betragen; es sind desshalb die hier und in den folgenden Projekten aufgestellten Zahlen der Hauptkarte (Maassstab 1 : 10000) oder auch den bereits vollendeten Längen - Nivellements - Tabellen entnommen.

dem im Reviere Krottensee bei allen Wegbauten eine grosse Aufgabe zufällt, Abhilfe verschaffen.

Die Verbindung des B. P. 159 mit der auf der Grenze zwischen den Abtheilungen „Slawackenberg und Hirschlecke" befindlichen Inclave bietet mannigfache Schwierigkeiten, da nicht nur die Ausläufer der verschiedenen in der erst genannten Abtheilung vorhandenen Rücken einen fortwährenden Terrainwechsel bedingen, sondern auch auf der anderen Seite ein Umgehen derselben durch die in der Abtheilung „Slawackenberg" liegende Inclave unmöglich ist; hiezu kommt noch, dass von B. P. 162 an ein starkes Gefäll von 8—9 pCt. sich berechnet. Und doch zeigt die Terrainkarte, dass nur die Richtung des vorhandenen Altweges die einzig mögliche Verbindung bietet. Es wurde desshalb der B. P. 159 zum Ausgleiche der folgenden kurzen Steigung um 1,17 m. erhöht, dann aber der vorhandene Altweg verlassen, und die Linie in einem Bogen dem Terrain angeschmiegt, so dass sich von B. P. 159 — 162 das Verhältniss der Baulinie auf eine mittlere Steigung von 2 pCt. berechnet. Durch einen ca. 2,40 m. betragenden Abtrag des B. P. 162 und dem entsprechenden folgenden Auftrage wird auch das oben erwähnte hohe Gefäll auf — 5 pCt. gemindert, und im Wechsel zwischen 5 und 4 pCt. zwischen den beiden Inclaven hindurch die Staatswaldgrenze erreicht, von wo aus der auf Privatgründen vorhandene Feldweg angenommen und mit einem Gefälle von 7 pCt. die Verbindung mit dem „Ranna-Königsteiner-Weg" (No. IV) hergestellt wird. **Gesammtlänge = 3600 m. „Ranna-Sackdillinger-Weg". (No. VI.)**

Leicht ist an diesem Projekte der Unterschied zu erkennen, der sich sowohl bei der Projektirung, als dem Baue der Wege in Reviere Krottensee ergibt, im Vergleiche mit jenen Revieren, von denen die Tafel II—IV Theile darstellen. Bei letzteren wird ein nicht genehmes Gefäll in den meisten Fällen durch Verschieben der Linie geändert, im ersteren ist die durch die Terrainkarte gezeigte Strecke oft die allein mögliche, und dann der Ausgleich nur durch Auf- oder Abtrag herzustellen[1]).

Um die beiden parallel neben einander laufenden Wege No. I und No. VI nicht ohne Verbindung unter einander zu lassen, und besonders

---

[1]) Dieses Projekt des „Ranna-Sackdillinger-Weges" ist bereits zur Ausführung gelangt, indem im Herbste des Jahres 1876 noch die Auslichtung der geraden Strecke von Sackdilling aus vorgenommen, und im Jahre 1877 noch der Bau begonnen wurde, wobei sich allerdings die geahnten Schwierigkeiten alle einstellten; durch Anbringung einer Rollbahn und fleissige Handhabung der Sprengpatronen schreitet der Bau jedoch rüstig vorwärts.

auch der Gegend von Königstein den Holzbezug aus den Abtheilungen „Hoher Ast, Engenthalerschlag, Allmannsberg und Schillerweiher" zu ermöglichen, wurde auf der Grenze zwischen den beiden letzt genannten Abtheilungen noch der „Schillerweg" (No. VII) projektirt. Obgleich die Linie nur kurz, und im grössten Theile ohne jede Schwierigkeit ist, herrschten doch auch hier verschiedene Ansichten.

Durch eine auf der Abtheilungslinie zwischen „Allmannsberg" und „Schillerweiher" liegende Inclave und einer neben derselben befindlichen Bodenvertiefung (die im Reviere Krottensee oft vorkommen, und dem Wegbaue sehr hinderlich sind, da der Boden in ihnen ohne Halt ist, und oft ohne ersichtliche äussere Ursachen sich plötzlich senkt), ist der Abzweigung vom Weg No. VI eine ziemlich genau bestimmte Grenze gesetzt. Projektirt man den Weg in der in der Abtheilung „Schillerweiher" befindlichen Mulde, so steht demselben keine Schwierigkeit entgegen; nimmt man aber die Abzweigung im B. P. 178 an, so hat sich die Linie wegen der Inclave und um ein direkt hinter 178 sich ergebendes Gegengefäll zu vermeiden, durch die vielen in der Abtheilung „Allmannsberg" vorhandenen Felsen zu winden, die öftere Sprengungen veranlassen werden.

Da jedoch der Hauptzweck des Weges die Ermöglichung des Holztransportes nach Königstein ist, entschloss man sich doch zu letzterem Projekte, in der Erwägung, dass auf der Abtheilungslinie zwischen „Hoher Ast und Engenthalerschlag" das Material aus den genannten Abtheilungen leicht bis zum B. P. 178 gebracht werden kann, dann aber nach dem ersten Projekte die Weiterbeförderung zum Weg No. I durch den scharfen Winkel und das im Winkelpunkt befindliche Gegengefäll erschwert sein würde. Es hat desshalb der Schillerweg am B. P. 178 vom Weg No. VI abzuzweigen, behält an den Felsen der Abtheilung „Allmannsberg" und der Inclave vorüber eine horizontale Richtung bei, erreicht dann die Abtheilungslinie und durch Verfolgung derselben den „Krottensee-Sackdillingerweg" bei B. P. 198, wobei der geringe Terrainwechsel durch entsprechenden Auf- und Abtrag so ausgeglichen wird, dass der Weg von P. 178 auf 381,75 m. horizontal verläuft, dann auf 394,88 m. eine Steigung von 1 pCt., und auf 113,83 m. eine solche von 3,9 pCt. annimmt. Die ganze Strecke (890,46 m. **lang**) wird nur in der Nähe des B. P. 178 auf einige Schwierigkeiten stossen, enthält dann aber nicht die geringsten Anstände mehr. (Weg No. VII.)

Wünschenswerth war endlich noch eine Verbindung des aus dem Reviere Hannesreuth kommenden Weges No. V mit dem „Färberbrunnenweg" (No. III) in der Art, dass dieselbe die Abtheilungen „Ackerricht, Brentenfels und Mannsberg" durchschneidet, um in diesen felsenreichen, so vielen Wechsel bietenden Waldorten das Ausbringen des Materials so viel als möglich zu erleichtern.

Sehr unbequem für die beabsichtigte Verbindung ist der in der Abtheilung „Ackerricht" vorhandene Rücken bei B. P. 282, und doch ist gerade dieser Uebergangspunkt unbedingt anzunehmen, da hier der Rücken die schmalste Stelle bietet, und auf eine andere Weise nicht umgangen werden kann. Von B. P. 247 steigt die neue Linie dem Terrain nach auf 146 m. mit ca. 3 pCt., erreicht nach abermals 35 m. mit + 13 pCt. die Höhe des Sattels, und fällt auf der andern Seite auf 98 m. mit 6,5 pCt., auf 95 m. mit 4 pCt., und steigt dann auf 132 m. mit 2 pCt. bis zum Kreuzungspunkte mit der Abtheilungslinie zwischen „Brentenfels und Ackerricht."

Durch einen kurzen Abtrag von allerdings 3,21 m. im B. P. 282 und einen folgenden Auftrag wird das Prozentverhältniss in der Art corrigirt, dass die Baulinie von P. 247 bis P. 282 mit 2,5 pCt. steigt, dann bis zur Mitte der Mulde zwischen P. 282 und 281 mit 2,8 pCt. fällt, worauf dieselbe durch einen 0,70 m. betragenden Abtrag des letzt genannten Bar. Punktes eine horizontale Richtung erhält. Durch diesen Abtrag und durch geeignete Verlängerung der Linie bis B. P. 283 wird auf eine Länge von 437 m. ein durchschnittliches Gefäll von 4—5 pCt. erzielt. Vom Kreuzungspunkte der Abtheilungen „Brentenfels, Ackerricht, Mannsberg" bis zur Strasse bietet sich kein Bedenken; die ganze Strecke, die der Karte nach auf eine Länge von 467 m. ein durchschnittliches Verhältniss von — 4 pCt. ergibt, wird auch in dieser Weise festgelegt.

Sehr ungünstig für den Anschluss liegt wieder, wie so oft, eine Inclave zwischen „Brentenfels und Mannsberg", da ohne dieselbe für den „Krottensee-Sackdillinger-, den Färberbrunnen- und den neuen Mannsberger-Weg" ein Vereinigungspunkt hätte erreicht werden können. **Gesammtlänge des Mannsbergerweges (No. VIII) = 1410 m.**

So ist auch dieses Projekt durchgeführt, und die oben gewünschte Verbindung hergestellt; mit einstiger Vollendung dieser Strecke (dieselbe ist bereits in einen Begangspfad umgewandelt) wird, wie die Karte zeigt, dieser Complex des Revieres Krottensee, trotz der vielen und besonderen Schwierigkeiten, die er dem Wegbaue entgegenbringt, vollständig durch ein systematisch angelegtes Wegnetz durchzogen, und jede Abtheilung, so viel als möglich, erschlossen sein.

ANHANG.

Barometrische Höhentafel nach Radau.

(Aus Höltschl's Aneroiden.)

Die Tafel 1 gibt für jeden in Millimetern abgelesenen und auf
0 Grad der Temperatur reduzirten Barometerstand (Aω und Aω' im
II. Abschnitt) die zugehörige Höhe h und h' in Metern, und zwar von
+ 1003,5 bis — 93,7 m.

Rechts zwischen je zwei Höhen, deren Argument um 1 mm. dif-
ferirt, ist die Differenz angegeben, und in einer beigefügten Hülfstabelle
sind die Proportional-Theile für die Dezimalen des Argumentes bereits
ausgerechnet. Diese Proportional-Theile sind von den der Haupt-Ta-
belle für die Ziffern der ganzen mm. entnommenen Höhen stets zu
subtrahiren, da, wie bekannt, zu höheren Barometerständen geringere
Höhen gehören. (Siehe Beispiel im II. Abschnitt, Seite 37).

Die Tafel 2 gibt den Werth $\dfrac{t + t'}{500}$ in der Höhenmessformel, wobei
t und t' in Celsius Graden anzugeben sind.

Tafel 1.

Milli-meter.	Meter.	Milli-meter.	Meter.	Milli-meter.	Meter.	Milli-meter.	Meter.
672	1003,5	697	711,9	722	430,5	747	158,7
	−11,8		−11,5		−11,1		−10,7
673	991,7	698	700,4	723	419,4	748	148,0
	−11,9		−11,4		−11,0		−10,6
674	979,8	699	689,0	724	408,4	749	137,4
	−11,8		−11,4		−11,0		−10,7
675	968,0	700	677,6	725	397,4	750	126,7
	−11,9		−11,4		−11,0		−10,6
676	956,1	701	666,2	726	386,4	751	116,1
	−11,8		−11,4		−11,0		−10,6
677	944,3	702	654,8	727	375,4	752	105,5
	−11,7		−11,4		−11,0		−10,6
678	932,6	703	643,4	728	364,4	753	94,9
	−11,8		−11,3		−10,9		−10,6
679	920,8	704	632,1	729	353,5	754	84,3
	−11,8		−11,4		−11,0		−10,6
680	909,0	705	620,7	730	342,5	755	73,7
	−11,7		−11,3		−10,9		−10,6
681	897,3	706	609,4	731	331,6	756	63,1
	−11,7		−11,3		−10,9		−10,5
682	885,6	707	598,1	732	320,7	757	52,6
	−11,7		−11,3		−10,9		−10,6
683	873,9	708	586,8	733	309,8	758	42,0
	−11,7		−11,2		−10,9		−10,5
684	862,2	709	575,6	734	298,9	759	31,5
	−11,7		−11,3		−10,9		−10,5
685	850,5	710	564,3	735	288,0	760	21,0
	−11,6		−11,2		−10,8		−10,5
686	838,9	711	553,1	736	277,2	761	10,5
	−11,6		−11,3		−10,9		−10,5
687	827,3	712	541,8	737	266,3	762	0,0
	−11,7		−11,2		−10,8		−10,5
688	815,6	713	530,6	738	255,5	763	−10,5
	−11,6		−11,1		−10,8		−10,4
689	804,0	714	519,5	739	244,7	764	−20,9
	−11,5		−11,2		−10,8		−10,5
690	792,5	715	508,3	740	233,9	765	−31,4
	−11,6		−11,2		−10,8		−10,4
691	780,9	716	497,1	741	223,1	766	−41,8
	−11,6		−11,1		−10,8		−10,4
692	769,3	717	486,0	742	212,3	767	−52,2
	−11,5		−11,2		−10,7		−10,4
693	757,8	718	474,8	743	201,6	768	−62,6
	−11,5		−11,1		−10,8		−10,4
694	746,3	719	463,7	744	190,8	769	−73,0
	−11,5		−11,1		−10,7		−10,4
695	734,8	720	452,6	745	180,1	770	−83,4
	−11,5		−11,0		−10,7		−10,3
696	723,3	721	441,6	746	169,4	771	−93,7
	−11,4		−11,1		−10,7		

Hülfstabelle zu Tafel 1.

Zehntel Milli- meter.	11,9	11,8	11,7	11,6	11,5	11,4	11,3	11,2	Zehntel Milli- meter.
				Differenz.					
1	1,19	1,18	1,17	1,16	1,15	1,14	1,13	1,12	1
2	2,38	2,36	2,34	2,32	2,30	2,28	2,26	2,24	2
3	3,57	3,54	3,51	3,48	3,45	3,42	3,39	3,36	3
4	4,76	4,72	4,68	4,64	4,60	4,56	4,52	4,48	4
5	5,95	5,90	5,85	5,80	5,75	5,70	5,65	5,60	5
6	7,14	7,08	7,02	6,96	6,90	6,84	6,78	6,72	6
7	8,33	8,26	8,19	8,12	8,05	7,98	7,91	7,84	7
8	9,52	9,44	9,36	9,28	9,20	9,12	9,04	8,96	8
9	10,71	10,62	10,53	10,44	10,35	10,26	10,17	10,08	9

Zehntel Milli- meter.	11,1	11,0	10,9	10,8	10,7	10,6	10,5	10,4	Zehntel Milli- meter.
				Differenz.					
1	1,11	1,10	1,09	1,08	1,07	1,06	1,05	1,04	1
2	2,22	2,20	2,18	2,16	2,14	2,12	2,10	2,08	2
3	3,33	3,30	3,27	3,24	3,21	3,18	3,15	3,12	3
4	4,44	4,40	4,36	4,32	4,28	4,24	4,20	4,16	4
5	5,55	5,50	5,45	5,40	5,35	5,30	5,25	5,20	5
6	6,66	6,60	6,54	6,48	6,42	6,36	6,30	6,24	6
7	7,77	7,70	7,63	7,56	7,49	7,42	7,35	7,28	7
8	8,88	8,80	8,72	8,64	8,56	8,48	8,40	8,32	8
9	9,99	9,90	9,81	9,72	9,63	9,54	9,45	9,36	9

Tafel 2.

Correktions - Factor $(C.\,F.)$ wegen der Temperatur der Luft
$$= \frac{t + t'}{500};\ t\text{ u. }t'\text{ in Celsius - Graden.}$$

$t + t'$	$C.\,F.$	$t + t'$	$C.\,F.$	$t + t'$	$C.\,F.$
− 5	− 0,010	+ 15	+ 0,030	+ 34	+ 0,068
− 4	− 0,008	+ 16	+ 0,032	+ 35	+ 0,070
− 3	− 0,006	+ 17	+ 0,034	+ 36	+ 0,072
− 2	− 0,004	+ 18	+ 0,036	+ 37	+ 0,074
− 1	− 0,002	+ 19	+ 0,038	+ 38	+ 0,076
+ 1	+ 0,002	+ 20	+ 0,040	+ 39	+ 0,078
+ 2	+ 0,004	+ 21	+ 0,042	+ 40	+ 0,080
+ 3	+ 0,006	+ 22	+ 0,044	+ 41	+ 0,082
+ 4	+ 0,008	+ 23	+ 0,046	+ 42	+ 0,084
+ 5	+ 0,010	+ 24	+ 0,048	+ 43	+ 0,086
+ 6	+ 0,012	+ 25	+ 0,050	+ 44	+ 0,088
+ 7	+ 0,014	+ 26	+ 0,052	+ 45	+ 0,090
+ 8	+ 0,016	+ 27	+ 0,054	+ 46	+ 0,092
+ 9	+ 0,018	+ 28	+ 0,056	+ 47	+ 0,094
+ 10	+ 0,020	+ 29	+ 0,058	+ 48	+ 0,096
+ 11	+ 0,022	+ 30	+ 0,060	+ 49	+ 0,098
+ 12	+ 0,024	+ 31	+ 0,062	+ 50	+ 0,100
+ 13	+ 0,026	+ 32	+ 0,064	+ 51	+ 0,102
+ 14	+ 0,028	+ 33	+ 0,066	+ 52	+ 0,104

Verlagsbuchhandlung von Julius Springer in Berlin N.,
Monbijouplatz 3.

Aus forstlicher Theorie und Praxis.

Forstwissenschaftliche Abhandlungen

von

August Knorr,

Kgl. Preuss. Forstmeister u. Lehrer an der Forstakademie zu Münden.

I. Band. Preis 2 M. 40 Pf.

Inhalt: 1. Die Arbeitsleistung der Natur in der Forstwirthschaft
2. Die Natur des Kapitals in Bezug auf die Forstwirthschaft.
3. Der Waldbestand als Standortsfactor.

Der Waldwegbau und seine Vorarbeiten.

Von

Carl Schuberg,

Prof. der Forstwissenschaft am Gross. Polytechnikum zu Carlsruhe.

Vollständig in 2 Bänden.

Mit über 300 in den Text gedruckten Holzschnitten und 5 lithographirten Tafeln.

Erster Band: Die Instrumente, die allgemeinen Grundsätze und die Vorarbeiten.

Zweiter Band: Die Bauarbeiten, Kostenüberschläge und der Gesammtwegbau im Wirthschafts-
betriebe.

Preis eines jeden Bandes 8 Mark.

Lehrbuch der Gesteins- und Bodenkunde.

Für Land- und Forstwirthe, sowie auch für Geognosten.

Von

Dr. Ferd. Senft,

Professor an der Forstlehranstalt in Eisenach.

Zweite vermehrte und verbesserte Auflage.

Preis 9 M.

Anleitung zur Regelung des Forstbetriebs

nach Maassgabe der nachhaltig erreichbaren Rentabilität
und in Hinblick auf die
zeitgemäße Fortbildung der forstlichen Praxis.

Von

Gustav Wagener,

Gräfl. Castell'schem Forstmeister.

Preis 8 M.

Die Taxation des Mittelwaldes

von

W. Weise,

Königl. Preuss. Oberförstercandidat.

Preis 2 M. 40 Pf.

=== Zu beziehen durch jede Buchhandlung. ===

Verlagsbuchhandlung von Julius Springer in Berlin N,
Monbijouplatz 3.

FORSTZOOLOGIE

von

Dr. Bernard Altum,

Professor der Zoologie an der Königl. Forstakademie zu Eberswalde.

I. Band: **Säugethiere.**	II. Band: **Vögel.**
Mit 120 Original-Figuren in Holzschnitt und 6 lithogr. Tafeln.	Mit 36 Original-Figuren in Holzschnitt.
Zweite Aufl. Preis 12 M.	**Preis 13 M.**

III. Band: **Insekten.**

Erste Abtheilung:	Zweite Abtheilung:
Allgemeines und Käfer.	**Schmetterlinge, Haut-, Zwei-, Gerad-, Netz- und Halbflügler.**
Mit 38 Original-Figuren in Holzschnitt.	Mit 35 Original-Figuren in Holzschnitt.
Preis 8 M.	**Preis 8 M.**

Geschichte des Waldeigenthums, der Waldwirthschaft

und

Forstwissenschaft in Deutschland.

Von

August Bernhardt,

Königlich Preussischem Forstmeister in Eberswalde.

In 3 Bänden.

I. Band: Von den ältesten Zeiten bis zum Jahre 1750. Preis 8 Mark. — II. Band: Die Jahre 1750—1820. Preis 9 Mark. — III. Band: Die Jahre 1820—1860. Preis 9 Mark.

Die gesammte Lehre der Waldstreu.

Mit Rücksicht auf die Chemische Statik des Waldbaues.

Von

Dr. Ernst Ebermayer,

Professor an der Königl. Bayr. Central-Forstlehranstalt zu Aschaffenburg.

Preis 11 Mark.

Lehrbuch der Forstwissenschaft.

Für Forstmänner und Waldbesitzer.

Von

Carl Fischbach,

fürstlich hohenzollernschem Oberforstrath.

Dritte vermehrte Auflage.

Preis 10 M.

Wichtige Krankheiten der Waldbäume.

Beiträge

zur Mycologie und Phytopathologie

für Botaniker und Forstmänner.

Von

Dr. Robert Hartig,

Prof. an der Forstakademie zu Eberswalde.

Mit 160 Figuren auf lithographirten Doppeltafeln.

gr. 8. cart. Preis 12 M.

=== Zu beziehen durch jede Buchhandlung. ===

Additional material from *Die Anfertigung forstlicher Terrainkarten auf Grund barometrischer Höhenmessungen und die Wegnetzprojectirung*, ISBN 978-3-642-89614-9, is available at http://extras.springer.com